新型干式煤气柜

谷中秀　著

北　京
冶　金　工　业　出　版　社
2010

内 容 提 要

本书举例介绍了新型干式煤气柜本体和相关设施的设计计算，详细介绍了新型煤气柜的操作要领、安装要领和试运转要领，进而分析了新型煤气柜的自动控制和综合利用。

本书可供煤气柜领域从事设计、制造、施工、运行工作的工程技术人员阅读，也可作为高等院校能源专业的师生参考用书。

图书在版编目(CIP)数据

新型干式煤气柜/谷中秀著. —北京:冶金工业出版社，2010.7

ISBN 978-7-5024-5286-5

Ⅰ.①新… Ⅱ.①谷… Ⅲ.①干式—煤气储罐 Ⅳ.①TQ547.9

中国版本图书馆 CIP 数据核字(2010)第 130321 号

出 版 人 曹胜利

地　　址 北京北河沿大街嵩祝院北巷 39 号，邮编 100009

电　　话 (010)64027926 电子信箱 yjcbs@cnmip.com.cn

责任编辑 刘小峰 美术编辑 李 新 版式设计 孙跃红

责任校对 石 静 责任印制 牛晓波

ISBN 978-7-5024-5286-5

北京百善印刷厂印刷；冶金工业出版社发行；各地新华书店经销

2010 年 7 月第 1 版，2010 年 7 月第 1 次印刷

148mm×210mm；7.25 印张；215 千字；219 页

36.00 元

冶金工业出版社发行部 电话：(010)64044283 传真：(010)64027893

冶金书店 地址：北京东四西大街 46 号(100711) 电话：(010)65289081

前　言

干式煤气柜是煤气输送管网中的重要调峰设备。在钢铁厂煤气管网中及在城市民用煤气管网中，都会交替出现用气的高峰和低谷，如果均匀的产气与不均匀的用气这对矛盾得不到调和，那么输气管网的煤气压力将无法稳定，煤气燃烧的效果将会远离最佳状态。这样一来不仅安全无法保障，而且造成能源的浪费及环境的恶化。更何况产气并非均匀，产气与用气间的协调就显得更为突出。而干式煤气柜的采用，当煤气的供需出现盈余时它可以吸纳，当煤气的供需出现赤字时它可以吐出。因此，干式煤气柜是煤气管网中重要的调峰设备、稳压设备，同时也是节能设备。

新型干式煤气柜是指除橡胶膜型干式煤气柜以外的如科隆型（Klonne 型）、曼型（M. A. N 型）之后发展出的一个新品种，如日本的 COS 型、中国的 POC 型、KMW 型均属于新型煤气柜，其大有后来居上之势。

从德国 1915 年开发的曼型（M. A. N 型）、德国 1927 年开发的科隆型（Klonne 型）、美国 1947 年开发的威金斯型（Wiggins 型）到日本 1971 年对科隆型的改进型，如果这一阶段算是干式煤气柜发展的渐进过程的话，那么 1985 年日本的 COS 型煤气柜则突破了科隆型和曼型煤气柜各自的界限，两型技术得到交融，实现了两型煤气柜的优化组合，可以说是走上了干式煤气柜发展的突进过程。而 1992 年中国的 KMW 型则突破了科隆型、曼型、威金斯型三者的界限，把日本的 COS 型煤气柜又向前推进了一步，KMW 型煤气柜以它特有的形态又称之为“高拱形中央底板的干式煤气柜”。除具有 COS 型煤气柜的优点外，它还是环保型、自动安保型的煤气柜，它的投运、置换和维修将异常便捷，而且它很容易发展成仓储式的煤气柜，即煤气柜中央底板以下的空间用于仓储设施，煤气柜中央底板和环周底板以上的空间用于储存煤气，达到一柜两用，产生的效益会大幅降低煤气柜的运行成本。

新型干式煤气柜适用于储存干净煤气（煤气含尘量小于20mg/m^3(标态)以下)，它的储存煤气压力比橡胶膜型干式煤气柜要高，故利用柜压它有一定的输气能力。对于橡胶膜型干式煤气柜，作者将在同时出版的《橡胶膜型干式煤气柜》（冶金工业出版社）一书中专门论述。

本书为从事新型干式煤气柜的设计、制造、施工、运行工作的工程技术人员提供重要参考，也对高校能源储存领域学科拓宽有所帮助，它将对煤气柜的技术进步注入活力因素。作为抛砖之作的目的是希望同行业者不断地创新、完善，将我国的技术进步推向一个新的高度。

书中如有不当之处，作者诚恳地期待各位读者不吝赐教。

谷中秀

2010年3月

目　录

1 新型煤气柜概述

1.1 干式煤气柜发展过程简述

1915 年，德国 M. A. N 公司开发了 M. A. N 型煤气柜。该型煤气柜具有多边形外壳，采用稀油密封。该型煤气柜对侧板材质要求高，密封油的消耗量高，壳体涂漆维护费用高。

1927 年，德国 Klonne 公司开发了 Klonne 型煤气柜，该型煤气柜具有圆柱形外壳，采用填料密封。该型煤气柜的密封难保证，密封用润滑脂消耗量高。

1947 年，美国 GATX 公司开发了 Wiggins 型煤气柜，该型煤气柜具有圆柱形外壳，采用橡胶薄膜、呈卷帘式运作、连接于侧板和活动体之间。该型煤气柜在运行中煤气压力波动大，单位容积的钢耗量大，橡胶薄膜的寿命相对较短。

1971 年,日本三菱重工开发了类似 Klonne 型的中压煤气柜,该型煤气柜将 Klonne 型的单重填料密封改为双重填料密封,承受煤气压力由 4000Pa(400mm 水柱)增加到 8500Pa(850mm 水柱)。

1985 年，日本三菱重工开发了类似 Klonne 型和 M. A. N 型两型结合的 COS 型煤气柜。该型采用圆柱形外壳、平的底板、具有稀油与填料复合密封，其承受煤气压力提高到 10kPa （1000mm 水柱）。该型煤气柜又称新型煤气柜，其对侧板材质要求一般，密封用油消耗量低，壳体涂漆维护费用低。

1992 年，中国重庆钢铁设计研究院开发了类似 Klonne、M. A. N、Wiggins 三型相结合的 KMW 型煤气柜。该型煤气柜在 COS 型的基础上使中央底板抬高并呈拱形，吸收了 Wiggins 型煤气柜中央底板的特点，因此又称为高拱形中央底板的干式煤气柜。它的煤气柜死空间小、活塞板至底板的检修空间合适、底板的防腐简化、煤气柜冷凝水的排出可置于地上、煤气柜的置换操作可自动控制，这是 COS 型煤气柜所不及的。该型煤气柜尚有增值潜力，其底板以下空间若能开辟做仓储设施以储存不燃性物品，实行一柜两用，那么经济效益可观。

表1-1为KMW型、M. A. N型、Wiggins型煤气柜部分参数比较。

表1-1 KMW型、M. A. N型、Wiggins型煤气柜部分参数比较

参 数	KMW型	M. A. N型	Wiggins型
单位容积耗钢量/kg·m^{-3}	$\frac{1617000}{100000}=16.17$	$\frac{1690000}{100000}=16.9$	$\frac{1527000}{80000}=19.09$
最高煤气储存压力/Pa	11000	8000	6500①
煤气压力波动/Pa	低于±200	低于±200	约500②

①此时的柜体严密性难以保证；

②二段式。

1.2 新型煤气柜的发展

新型煤气柜是由日本三菱重工业株式会社在吸取了曼(M. A. N)型和科隆(Klonne)型煤气柜的优点后而开发的,它的型式为COS型,COS是Cylindrical shell,Oil seal type（圆筒形外壳,油密封型)的缩写。

COS型煤气柜吸取了曼型煤气柜如下的优点：

(1) 压力变动幅度小，低于±200Pa（20mm水柱)。

(2) 采用活塞密封性能好的稀油循环系统。

(3) 限制活塞的水平旋转。

COS型煤气柜吸取了科隆型煤气柜如下的优点：

(1) 采用承受煤气压力高的圆筒形外壳。

(2) 采用圆拱形的活塞板，升降过程中自稳性好。

(3) 对侧板的材质没有特殊的要求。

(4) 设置有维护屋顶方便的旋转平台。

COS型煤气柜摒弃了曼型煤气柜如下的缺点：

(1) 承受煤气压力不高（最高为8000Pa（800mm水柱))。

(2) 3.2mm厚的滑板为易磨损件，因此降低了密封装置的寿命。

(3) 活塞油沟需设置分隔帆布和静置油槽，构造复杂。

COS型煤气柜摒弃了科隆型煤气柜如下的缺点：

（1）润滑油脂易损耗和污染。

（2）复杂的供脂装置。

（3）活塞的密封性能差。

（4）活塞在圆周水平方向的旋转不限定。

COS 型煤气柜的活塞密封却是采用了科隆型煤气柜与曼型煤气柜的混双组合，即密封橡胶填料加稀油静压密封的形式。

综上所述，COS 型煤气柜的出现是干式煤气柜在技术发展上的一次质的飞跃，它实际上成了第二代的干式煤气柜。

COS 型煤气柜还没有发展到完美的程度，其存在的缺点为活塞以下煤气的死空间容积大、煤气死空间的置换操作复杂以及煤气置换时对周围大气环境的污染严重。针对这种情况，有必要对 COS 型煤气柜再做进一步的改进，KMW 型煤气柜就成了 COS 型煤气柜的改进型式。KMW 型煤气柜具有科隆（Klonne）型的理想受压壳体、曼（M. A. N）型的密封性能好的稀油循环系统、威金斯（Wiggins）型的能减少煤气死空间容积的圆拱形底板，它吸取了三者中各自的优点，又避免了三者中各自的缺点，从而成为最新型的第三代的干式煤气柜。

KMW 型与 COS 型干式煤气柜的比较如表 1-2 所示。

1.3　新型煤气柜与曼型煤气柜的比较

由于 COS 型煤气柜显示出来的巨大优势，日本在 1985 年以后几乎已经用 COS 型煤气柜取代了 M. A. N 型煤气柜。而在我国由于信息与观念上的滞后，比 COS 型更为先进的 KMW 型却长期处于孕育状态而未能实现。

现将新型（COS 型、KMW 型）煤气柜与曼型（M. A. N 型）煤气柜做如下的比较：新型煤气柜与曼型煤气柜的设计参数见表 1-3；新型煤气柜与曼型煤气柜的重量比较见表 1-4；新型煤气柜与曼型煤气柜的钢板用量比较见表 1-5；新型煤气柜与曼型煤气柜的焊接工程量比较见表 1-6；新型煤气柜与曼型煤气柜的油漆工程量比较见表 1-7；新型煤气柜与曼型煤气柜的最高储气压力与密封装置寿命的比较见表 1-8；新型煤气柜与曼型煤气柜的油系统运行与消耗比较见表 1-9；新型煤气柜与曼型煤气柜的年维护费用比较见表 1-10；新型煤气柜与曼型煤气柜的综合比较见表1-11。

表1-2 KMW型与COS型干式煤气柜的比较

序号	项 目	KMW型（以12万m^3柜为例） 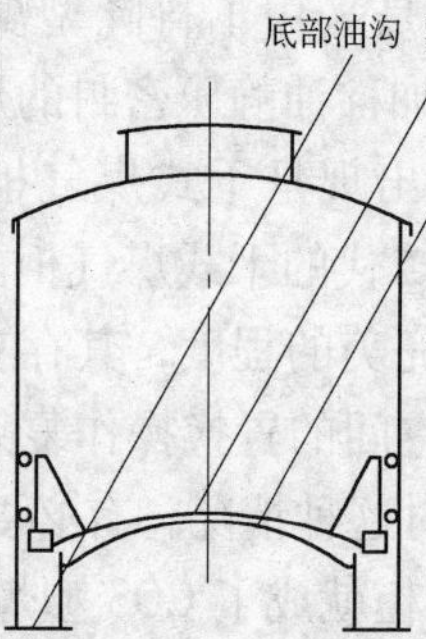 底部油沟 活塞板 底板	COS型（以12万m^3柜为例） 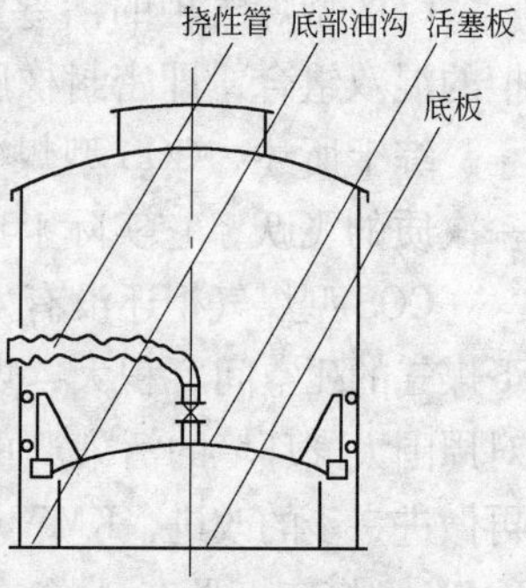 挠性管 底部油沟 活塞板 底板
1	置换与吹扫	不需采用临时设施，操作简便	需采用临时设施（活塞顶上需增设挠性管，侧板上需增设人孔）操作繁琐
2	置换时对周围大气的污染	1304m^3的煤气排放到周围大气中，污染小	6213m^3的煤气排放到周围大气中，污染大
3	活塞板与底板间维修空间高度	1.45～2.2m（采用伸缩式活塞支座后），合适	6.25m，太高
4	中央底板冷凝水排水器的设置	设于地面上，维护方便，不易腐蚀	设于地面下的坑内，维护不便，易腐蚀
5	中央底板状态与防腐措施	底板不积水，不用重质焦油作铺垫层	底板不平，易积水，需用重质焦油做铺垫层
6	中央底板的二次开发利用	中央底板下部空间可开发利用作为仓储设施和其他文化娱乐设施，其创收的经济效益可观	无

表 1-3 新型煤气柜与曼型煤气柜的设计参数

序号	柜容积/m^3	柜内压力/kPa	型式	侧板内径(最大直径)/m	侧板高/m	柜体总高/m	立柱数	立柱间弧长(边长)/m	高径比	回廊数	活塞行程/m	油泵站个数	紧急放散管根数	防回转装置数	柜本体重/t	备注
1	2万	5	COS	26.554	44.95	约51.5	16	5.214	1.65	4	36.114	2	4	2	531.4	仅包括内部电梯
2	2万	5	M.A.N	(26.514)	43.83	50.12	14	(5.9)	1.65	4	36.0	2	4	2	568	仅包括内部电梯
3	10万	8.5	KMW	46.900	69.05	约78.5	22	6.697	1.47	5	57.885	4	8	2	1617	包括内、外部电梯
4	10万	8	M.A.N	(44.747)	74.496	约81.6	20	(7.0)	1.66	5	64.655	4	8	2	1690	包括内、外部电梯

表 1-4 新型煤气柜与曼型煤气柜的重量比较

序号	柜容积/m^3	型式	柜本体重量/t					重量指标/$kg \cdot m^{-3}$	备注
			订货设备	燃气专业设计部分	设备专业设计部分	结构专业设计部分	合计		
1	2万	COS	6.8	23.3	13.72	487.6	531.4	26.6	仅有内部电梯，重量包括在设备专业设计部分内
2	2万	M.A.N	6.82	16.0	9.33	535.85	568	28.4	仅有内部电梯，重量包括在设备专业设计部分内
3	10万	KMW	17.71	64.19	17.59	1517.51	1617	16.2	外部电梯包括在订货设备内，内部电梯包括在设备专业设计内
4	10万	M.A.N	17.76	42.1	9.051	1621.09	1690	16.9	外部电梯包括在订货设备内，内部电梯包括在设备专业设计内

表 1-5 新型煤气柜与曼型煤气柜的钢板用量比较

序号	柜容积/m^3	型式	钢板用量/t					钢材要求		钢材费用/万元					备注
			侧板	屋顶板	活塞板	底板	合计	侧板 屋顶板 活塞板	底板	侧板	屋顶板	活塞板	底板	合计	
1	2万	COS	147. 94	16. 20	24. 36	27	215. 5	Q235-B. F	Q235-B. F	44. 38	4. 86	7. 31	8. 10	64. 65	Q235-B. F 单价按3000元/t（1992年价）比较
2	2万	M. A. N	214. 51	18. 00	35. 11	26. 75	294. 4	3C	Q235-B. F	68. 64	5. 76	11. 24	8. 03	93. 67	3C 单价按3200元/t（1992年价）比较
3	10万	KMW	498. 85	50. 60	81. 00	57. 51	688	Q235-B. F	Q235-B. F	149. 60	15. 18	24. 30	17. 25	206. 30	
4	10万	M. A. N	738. 38	51. 22	100. 01	76. 17	965. 78	3C	Q235-B. F	236. 30	16. 39	32. 00	22. 85	307. 24	

表 1-6 新型煤气柜与曼型煤气柜的焊接工程量比较

序号	柜容积/m^3	型式	焊缝长度/m						备 注
			侧 板	屋顶板	活塞板	底 板	其 他	共 计	
1	2 万	COS	9126	1687	1687	506	650	13656	比 M. A. N 型柜多 52% 侧板内侧焊接为保护焊
2	2 万	M. A. N	5746	977	977	467	817	8984	
3	10 万	KMW	22676	4584	4584	1578	1671	35093	比 M. A. N 型柜多 37. 5% 侧板内侧焊接为保护焊
4	10 万	M. A. N	15834	3019	3019	1330	2320	25522	

表 1-7 新型煤气柜与曼型煤气柜的油漆工程量比较

序号	柜容积 /m^3	型式	油漆面积/m^2						油漆用量/t						油漆费用 /万元
			侧板	屋顶	活塞	合计	其他	共计	侧板	屋顶	活塞	合计	其他	共计	
1	2 万	COS	4247	1151	1151	6549	655	7204	5. 01	1. 36	1. 36	7. 73	0. 77	8. 5	42. 5
2	2 万	M. A. N	6557	1395	1395	9347	935	10282	7. 74	1. 65	1. 65	11. 04	1. 1	12. 14	60. 7
3	10 万	KMW	11640	3591	3591	18822	1882	20704	13. 74	4. 24	4. 24	22. 22	2. 2	24. 42	122. 1
4	10 万	M. A. N	19874	4431	4431	28736	2874	31610	23. 45	5. 23	5. 23	33. 91	3. 39	37. 3	186. 5

注：1. 2 万 m^3 COS 型煤气柜的油漆用量比 M. A. N 型煤气柜少 30%；10 万 m^3 KMW 型煤气柜的油漆用量比 M. A. N 型煤气柜少 34. 5%；

2. 涂漆综合单价取 5 万元/t，油漆价格取 1. 7 万元/t（1992 年价）。

表 1-8 新型煤气柜与曼型煤气柜最高储气压力与密封装置寿命的比较

序号	型式	最高储气压力/kPa	场所	密封装置寿命	
				年限	备注
1	COS	10	日本川崎公司千叶厂 20 万 m^3 煤气柜（1985 年投产） 日本新日铁公司君津厂 45 万 m^3 煤气柜（1987 年投产）	>20	是从科隆型煤气柜来判断的，因为新型柜的密封装置类似科隆型柜，只是润滑剂用稀油代替了干油
2	M. A. N	8	韩国浦项公司光阳厂 15 万 m^3 煤气柜（1987 年投产） 中国重庆钢铁公司 10 万 m^3 煤气柜（1994 年投产）	约 6	更换滑板时需进行大修，大修一次约需 80 天

表 1-9 新型煤气柜与曼型煤气柜的油系统运行与消耗比较

序号	柜容积/m^3	型式	一次注油量/m^3						泵站运转次数（每日每泵站）/次	稀油年耗量/$m^3 \cdot a^{-1}$
			活塞油沟	底部油沟	预备油箱	油泵站	油上升管	共计		
1	2 万	COS	46.5	19	4.5	3	1	74	约 8	约 2.5
2	2 万	M. A. N	22	11	4.5	3	1	41.5	约 16	约 5
3	10 万	KMW	120	35.4	8.9	6	2	172.3	约 10	约 7
4	10 万	M. A. N	67	23	8.9	6	2.5	107.4	约 20	约 13

表 1-10 新型煤气柜与曼型煤气柜的年维护费用比较

序号	柜容积 /m^3	型式	稀油补充 /万元·a^{-1}	油漆工程					大修工程				年维护费用 /万元·a^{-1}	备 注
				侧板用量/t	屋顶用量/t	其他用量/t	费用 /万元	年分摊 /万元·a^{-1}	人工费 /万元	设备费 /万元	合计 /万元	年分摊 /万元·a^{-1}		
1	2万	COS	0.75	5.01	1.36	0.77	35.7	7.14	11.2	9.5	20.7	1.38	9.27	按某地1992年单价
2	2万	M.A.N	1.5	7.74	1.65	1.1	52.45	10.49	11.2	4.92	16.12	3.22	15.21	按某地1992年单价
3	10万	KMW	2.1	13.74	4.24	2.2	100.9	20.18	22.4	16.64	39.03	2.6	24.88	按某地1992年单价
4	10万	M.A.N	3.9	23.45	5.23	3.39	160.35	32.07	22.4	11.52	33.92	6.78	42.75	按某地1992年单价

注：1. 水、电、氮气、蒸汽的费用较少且又相差不大，故未列入比较表中；

2. 柜区操作人员工资支出与柜型的选择无关，故也未列入比较表中。

表 1-11　新型煤气柜与曼型煤气柜的综合比较

序号	项目名称	2 万 m³ 煤气柜		10 万 m³ 煤气柜		备　注
		COS 型	M. A. N 型	KMW 型	M. A. N 型	
1	柜本体重量/t	531.4	568	1617	1690	
2	钢板用量/t	215.5	294.4	688	965.8	
3	侧板材质	Q235-B. F	3C	Q235-B. F	3C	
4	焊接工作量/m	13656	8984	35093	25522	COS、KMW 型侧板内侧要求保护焊接
5	油漆工程费用/万元	42.5	60.7	122.1	186.5	
6	最高承受压力/kPa	10	8	10	8	
7	密封装置寿命/a	>20	约 6	>20	约 6	
8	一次注油量/m^3	74	41.5	172.3	107.4	
9	稀油补充量/$m^3 \cdot a^{-1}$	约 2.5	约 5	约 7	约 13	
10	油泵站运转次数（每日每泵站）/次	约 8	约 16	约 10	约 20	
11	年维护费用/万元 · a^{-1}	9.3	15.2	24.9	42.8	工资、水、电、氮气、蒸汽的支出费用不包括
12	柜本体投资/万元	558	542	1669	1586	

注：柜本体投资包括了设备、结构、基础的投资，以中国某地 1992 年单价为准，电气、仪表费用不包括在内。

从表 1-11 的综合比较可见，新型煤气柜虽然比曼型煤气柜投资多 3% ~5%，但超出费用不足 5 年即可收回。

1.4　新型煤气柜实用于储藏高炉煤气与储藏焦炉煤气的差异

1.4.1　储藏煤气压力

这是一个需要考虑的问题，煤气柜允许的煤气储藏压力必须与建柜地区煤气管网的压力相吻合。煤气柜的允许煤气储藏压力既不能高于建柜地区煤气管网的压力，也不能低于建柜地区煤气管网的压力。

一般来说储藏高炉煤气时煤气储藏压力要高一些，煤气柜活塞部分密封装置及油循环系统的设计能否满足这一要求，应予以核实。若不能满足要求，则应修改这部分设计。

1.4.2 煤气吞吐量与煤气吞吐能力

煤气吞吐量受建柜地区煤气管网流量变化的影响，即受制于煤气管网的特性，煤气柜应该适应这种变化。煤气吞吐能力是煤气柜能允许的进入或排出的煤气最大瞬时流量的变化，它只是煤气柜本体的特性，它取决于活塞的允许升降速度。活塞的允许升降速度一般情况下取2m/min，极限值取3m/min。象征煤气柜特性的煤气吞吐能力必须大于象征煤气管网特性的煤气吞吐量。

由于储藏煤气种类的不同，对煤气吞吐量的要求自然也不同。储藏高炉煤气时要求的煤气柜吞吐量大大地超出储藏焦炉煤气时要求的煤气柜吞吐量，一般地说来，就冶金工厂而论，前者大约是后者的3倍。

煤气柜的煤气出入口断面积必须适应于煤气管网要求的煤气吞吐量。一般地说来，就冶金工厂而论，相同储藏容积的高炉煤气柜的出入口截面积比焦炉煤气柜出入口截面积要大得多。

1.4.3 煤气紧急放散能力

煤气紧急放散能力必须与煤气吞吐量相适应。一般地说来，就冶金工厂而论，相同储存容积的高炉煤气柜的煤气紧急放散能力比焦炉煤气柜要大得多。煤气紧急放散能力设计的不足就难免会发生活塞冲顶事故，这牵扯到煤气柜的安全运行与否，是个不容忽视的问题。

2 新型煤气柜壳体尺寸设计

2.1 壳体的高径比

关于经济的壳体侧板高与直径的比值（即高径比）可以探讨如下。

假定煤气柜为圆的柱状体，其容积为 $1m^3$，直径为 D，高为 H，则其体积为：

$$\frac{\pi}{4}D^2H = 1 \quad 故 \quad H = \frac{4}{\pi D^2}$$

表面积为：

$$A = 3 \times 1.04 \times \frac{\pi D^2}{4} + \pi DH$$

$$= 2.45D^2 + \frac{4}{D} \tag{2-1}$$

式中 3——煤气柜屋顶板、活塞板、底板的表面积层数；

1.04——因煤气柜屋顶板、活塞板、底板均呈球形表面，1.04 为球表面积与底面积之比值。

当煤气柜的表面积最小时，建造煤气柜所耗用的钢板也最少，这种情况下煤气柜壳体就最经济。于是：

$$\frac{dA}{dD} = 4.90D - \frac{4}{D^2} = 0$$

$$D = \sqrt[3]{\frac{4}{4.9}} = 0.935m$$

$$H = \frac{4}{\pi \times 0.935^2} = 1.456m$$

$$H/D = 1.558$$

即对于新型煤气柜来说，壳体造价经济的高径比为1.558，这里的H值应为侧板的高度，D为侧板的内径。为了设计在数据处理上方便，常常用D当作侧板外径来标注尺寸，对于大直径的薄壁壳体来说，产生的误差当微不足道。设计上H/D值受诸多因素影响，不可能刚好达到1.558这个数值，但只要是在这个值附近，收到的经济效果将都是满意的，例如：

当 $V = 1\text{m}^3$；$D = 0.92\text{m}$；$H = 1.504\text{m}$；$H/D = 1.635$；$A = 6.422\text{m}^2$；

当 $V = 1\text{m}^3$；$D = 0.935\text{m}$；$H = 1.456\text{m}$；$H/D = 1.558$；$A = 6.420\text{m}^2$；

当 $V = 1\text{m}^3$；$D = 0.95\text{m}$；$H = 1.411\text{m}$；$H/D = 1.485$；$A = 6.421\text{m}^2$。

当然，如果H/D值相距1.558较远，其收到的经济效果将不会太好。例如：

当 $V = 1\text{m}^3$；$D = 0.87\text{m}$；$H = 1.682\text{m}$；$H/D = 1.934$；$A = 6.452\text{m}^2$；

当 $V = 1\text{m}^3$；$D = 1.0\text{m}$；$H = 1.273\text{m}$；$H/D = 1.273$；$A = 6.450\text{m}^2$。

2.2 壳体直径的估算

壳体直径的估算可由下列的步骤导出：

$$H = h_S + S + h_R + h_G + \Delta S + h_{RS}$$

式中 H——侧板高度，H取$1.558D$；

h_S——活塞环梁支座高度，可从以下的数据中找到它的近似值，对于10万m^3、20万m^3、30万m^3煤气柜来说，h_S值分别为$0.028D$、$0.031D$、$0.029D$，近似地选用$h_S = 0.029D$；

S——活塞行程，$S = \dfrac{4V}{\pi D^2}$，V为煤气柜的吞吐容积，即储存容积；

h_R——活塞环梁高度，可以从以下的数据找到它的近似值，对于10万m^3、20万m^3、30万m^3、45万m^3煤气柜来说，h_R值分别为$0.038D$、$0.036D$、$0.037D$、$0.039D$，近似地选用$h_R = 0.038D$；

h_G——活塞导架高，h_G取$0.125D$；

ΔS——活塞行程达100%后至紧急放散的行程，ΔS取0.8m；

h_{RS}——屋顶外环箱形支承座的高度，可以从以下的数据中找到它的近似值，对于10万m^3、20万m^3、30万m^3、45万m^3煤气柜来说，h_{RS}值分别为$0.016D$、$0.014D$、$0.015D$、$0.013D$，近似地选用$h_{RS} = 0.015D$。

于是：

$$1.558D = 0.029D + \frac{4V}{\pi D^2} + 0.038D + 0.125D + 0.8 + 0.015D$$

$$\frac{4V}{\pi D^2} = (1.558 - 0.029 - 0.038 - 0.125 - 0.015)D - 0.8$$

$$4V = 4.244D^3 - 2.513D^2 \tag{2-2}$$

式中 V——煤气柜的储存容积（公称容积），m^3；

D——煤气柜的侧板内径，m。

为了使V值得到保证，$4.244D^3 - 2.513D^2$的值必须大于$4V$的值。算出D值后需圆整至小数点后保留一位数（单位为m）。从下列数据比较中，可以看出式2-2的可靠性程度。

柜容积 V/m^3	侧板高 H/m	侧板直径 D/m	高径比 H/D	$\frac{4.244D^3 - 2.513D^2}{4V}$
10万	69.05	46.9	1.47	1.08
20万	96.55	55.5	1.74	0.89
30万	98.35	68.2	1.44	1.11
45万	114.6	76.8	1.492	1.06

式2-2的建立是以H/D值为1.558而形成的，对于H/D为1.74

的一种 20 万 m^3 煤气柜来说，就不够适应。就 H/D 为 1.74 来说，其经济性就要差一些了。由此分析式 2-2 这一经验式是可靠的，由它算出的煤气柜侧板内径是经济的。

2.3　壳体立柱根数的确定

壳体立柱根数可按式 2-3 计算：

$$n = \frac{\pi D}{7} \tag{2-3}$$

按式 2-3 算出 n 后圆整至双数整数，并使 $n > \frac{\pi D}{7}$。

2.4　活塞油沟油位高度的确定

活塞油沟油位高度 h 包括：

（1）由于煤气压力引起的油位高度 h_1(mm)：

$$h_1 = \frac{1}{0.9 \times 9.8 \times 1.1}(p + \Delta p) \tag{2-4}$$

式中　p——储气压力，Pa；

Δp——储气压力波动值，取 $\Delta p = 200\text{Pa}$；

0.9——密封油的密度；

9.8——重力加速度；

1.1——对于二段式密封，煤气达到密封的界限为 $p_G/p_o = 1.1$，p_G 为煤气压力，p_o 为密封油的压力。

（2）由于活塞倾斜引起的油位补充高度 h_2(mm)：

$$h_2 = \frac{1000D}{1000} \tag{2-5}$$

（3）侧板内壁附着密封油引起活塞油沟油位高度增加 h_3(mm)：

$$h_3 = \frac{4.8V}{\pi D(2.4D - 1.44)} \tag{2-6}$$

（4）密封面以下活塞油沟的存油高度 h_4(mm)：h_4 取 305mm。

（5）活塞油沟油位的波动值 h_5(mm)：h_5 可暂取 40mm，准确值要经过计算确定。

活塞油沟油位高度 h(mm)为：

$$h = h_1 + h_2 + h_3 + h_4 + h_5 \tag{2-7}$$

2.5 活塞环梁的高度和宽度

活塞环梁的高度 h_R(m)为：

$$h_R \geqslant \frac{h + 400}{1000} \tag{2-8}$$

活塞环梁的宽度 b_R 的计算步骤如下。

活塞荷载 W(kg)为：

$$\begin{cases} W = p\dfrac{\pi D^2}{4} & (2\text{-}9) \\ W = W_s + W_m + W_o + W_c + W_b & (2\text{-}10) \end{cases}$$

式中 W_s——密封机构的质量，kg；

W_m——除密封机构以外的其他设备质量，如收油板、人孔、活塞倾斜测定装置、防回转装置、弹簧导轮、固定导轮等的质量，kg；

W_o——活塞油沟内油的质量，kg；

$$W_o = \frac{\pi}{4}(2.4D - 1.44)\frac{h}{1000}\rho_o \tag{2-11}$$

ρ_o——密封油的密度，一般取 $\rho_o = 900\text{kg/m}^3$；

W_c——结构的质量，kg；

W_b——混凝土平衡配重的质量，kg。

活塞环梁内素混凝土的充填量 $W_{b.d}$(kg)为：

$$W_{b.d} = W_b - W_{b.L} = 0.85W_b \tag{2-12}$$

式中 $W_{b.L}$——调整平衡的混凝土块的质量，kg。

活塞环梁宽度 b_R 的计算如下：

$$\frac{\pi}{4}[(D - 1.2)^2 - (D - 1.2 - 2b_R)^2]h_R = \frac{W_{b.d}}{1000 \times 0.9 \times 2.3} \tag{2-13}$$

式中 b_R——活塞环梁的宽度，m；

h_R——活塞环梁的高度，m；

$W_{b.d}$——活塞环梁内素混凝土的充填量，kg；

0.9——活塞环梁内的充填系数；

2.3——活塞环梁内充填素混凝土的密度，t/m³。

归纳简化式 2-13 后得出：

$$b_R^2 - (D - 1.2)b_R + \frac{W_{b.d}}{6500h_R} = 0 \tag{2-14}$$

解式 2-14 可求出 b_R 值。

2.6 侧板高度的计算

$$\begin{cases} H = 1.558D & (2\text{-}15) \\ H = S + h_S + h_R + h_G + \Delta S + h_{RS} & (2\text{-}16) \end{cases}$$

式 2-16 中各项参数的选取见前面的 2.2 节。

侧板高度 H 最后选取式 2-15、式 2-16 中的较大值。

2.7 侧板顶部至预备油箱平台面的高度

（1）侧板顶部至活塞环梁底的最低高度 $H_{T.RB}^{min}$ 为：

$$H_{T.RB}^{min} = h_R + h_G + h_{RS} \tag{2-17}$$

h_R、h_G、h_{RS} 见 2.2 节。

（2）活塞油沟面至活塞环梁底的高度 $H_{O.RB}$ 为：

$$H_{O.RB} = \frac{h}{1000} + 0.2 \tag{2-18}$$

式中 0.2——活塞油沟底板上表面至活塞环梁底的高度，m。

（3）侧板顶部至活塞油沟油面的最低高度 $H_{T.O}^{min}$ 为：

$$H_{T.O}^{min} = H_{T.RB}^{min} - H_{O.RB} \tag{2-19}$$

（4）预备油箱溢流口至预备油箱平台面的高度 $H_{O.OP}$ 为：

$$H_{O.OP} = h_{O.OB} + \delta_{OB} + h_{OB.OP} \tag{2-20}$$

式中 $h_{O.OB}$——预备油箱溢流口至预备油箱底上表面的高度，m；

δ_{OB}——预备油箱底板厚，m；

$h_{OB.OP}$——预备油箱底下表面至预备油箱平台（回廊）面的高度，m。

（5）侧板顶至预备油箱平台（回廊）面的最大高度 $H_{T.OP}^{max}$ 为：

$$H_{T.OP}^{max} = H_{T.O}^{min} + H_{O.OP} \tag{2-21}$$

（6）侧板顶至预备油箱平台（回廊）面的设计高度 $H_{T.OP}$ 满足下式即可：

$$H_{T.OP} < H_{T.OP}^{max}$$

2.8 煤气紧急放散管开孔区中心高度

$$H_{CP} = h_S + S + h_{B.SB} + \Delta h + \frac{h_P}{2} \tag{2-22}$$

式中 $h_{B.SB}$——从活塞环梁底至活塞油沟填料密封下沿的高度，m，$h_{B.SB}$ 可取 0.355m；

Δh——活塞达到行程的 100% 时至开始煤气紧急放散时的行程高度，m；

h_P——煤气紧急放散管从侧板接出的开孔区高度，m。

其中：

$$\Delta h + h_P = \Delta S$$

煤气紧急放散管开孔区中心高度 H_{CP} 的校核：

$$H - H_{CP} + \frac{h_P}{2} + h_{B.SB} - h_R - h_G - h_{RS} > 0 \tag{2-23}$$

若式 2-23 成立，即 H_{CP} 值认为合适；否则，H_{CP} 值要重新考虑。

2.9 屋顶板的外圆周起拱角与屋顶板的球面半径

屋顶板的外圆周起拱角 α_{RT} 取 22.5°。屋顶板的球面半径 R_{RT} 为：

$$R_{RT} = \frac{R - \Delta R}{\sin\alpha_{RT}} \tag{2-24}$$

式中 R——$R = \frac{D_o}{2}$，m；

D_o——侧板外径，m；

ΔR——预留的屋顶与立柱间安装连接垫板的间隙，例如对于10万m^3煤气柜ΔR取0.08m，对于20万m^3煤气柜ΔR取0.12m。

2.10 活塞板的假想起拱角与活塞板的球面半径

活塞板的假想起拱角α_P是一个虚拟的角度，它的起始点位于侧板内径处并与活塞环梁底下表面处于同一水平面内，α_P取22.5°。

活塞板的球面半径R_P为：

$$R_P = \frac{D}{2\sin\alpha_P} \tag{2-25}$$

2.11 底部油沟宽度的确定

底部油沟宽度b_B可按下式求出：

$$\frac{W_F + W_O}{0.9} = \frac{\pi}{4}[D^2 - (D - 2b_B)^2]h_{BI} \tag{2-26}$$

式2-26整理后得：

$$\frac{W_F + W_O}{\pi \times 0.9h_{BI}} = Db_B - b_B^2 \tag{2-27}$$

式中 W_F——侧板上部预备油箱的储油量总和，t；

W_O——活塞油沟的储油量，t；

0.9——假定稀油的密度，t/m^3；

D——侧板内径，m；

b_B——底部油沟的宽度，m；

h_{BI}——当W_F和W_O卸下时底部油沟允许增加的最大高度，m。

$$h_{BI} = 0.9 - 0.33 - 0.12 = 0.45\text{m}$$

式中 0.9——假定底部油沟处侧板ϕ600mm人孔中心距底部油沟底板为1.3m时，则人孔下沿距底部油沟底板为1m，当高度的富裕量为0.1m时，则最高油位高度为0.9m；

0.33——底部油沟假定水层高度，m；

0.12——底部油沟正常操作情况下的油层高度，m。

于是式 2-27 简化为：

$$0.79(W_F + W_O) = Db_B - b_B^2 \tag{2-28}$$

已知 W_F、W_O、D 值，则可根据式 2-28 算出 b_B 值。

2.12　中央底板的球面半径

由图 2-1 有：

$$R_B - \sqrt{R_B^2 - \left(\frac{D_{CB}}{2}\right)^2} = h_{PA} \tag{2-29}$$

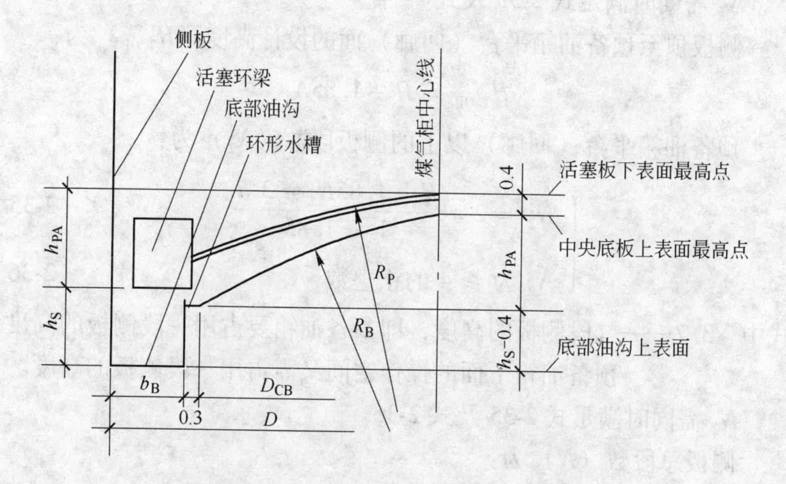

图 2-1　中央底板的球面半径计算示意图

式 2-29 化简后得：

$$R_B = \frac{0.25D_{CB}^2 + h_{PA}^2}{2h_{PA}} \tag{2-30}$$

式中　D_{CB}——中央圆拱形底板的投影直径，m；

h_{PA}——活塞环梁底至活塞拱顶处活塞板下表面的高度，m。

$$h_{PA} = R_P - \sqrt{R_P^2 - \left(\frac{D}{2}\right)^2} \tag{2-31}$$

2.13　侧板的段数

预备油箱平台（回廊）以下的侧板段数（N_1）为：

$$N_1^{\min} = \frac{H - H_{\mathrm{T.OP}}^{\max}}{1.85} \tag{2-32}$$

式中　1.85——侧板宽（高）度（日本的侧板宽度为 2.0m），m。

$$\begin{cases} N_1 > N_1^{\min} & (2\text{-}33) \\ N_1 \text{ 为正整数并接近于 } N_1^{\min} & (2\text{-}34) \end{cases}$$

N_1 需同时满足式 2-33 及式 2-34。

侧板顶至预备油箱平台（回廊）面的设计高度（$H_{\mathrm{T.OP}}$）为：

$$H_{\mathrm{T.OP}} = H - 1.85N_1$$

预备油箱平台（回廊）以上的侧板段数（N_2）为：

$$\begin{cases} N_2 = 2 + \dfrac{H - 1.85N_1 - 3.7}{1 \sim 1.85} & (2\text{-}35) \\ N_2 \text{ 为} \geqslant 4 \text{ 的正整数} & (2\text{-}36) \end{cases}$$

式中　3.7——二段侧板的高度，即预备油箱要占用一段侧板的高度，预备油箱下面的操作空间又需占用一段侧板的高度。

N_2 需同时满足式 2-35 及式 2-36。

侧板总段数（N）为：

$$N = N_1 + N_2 \tag{2-37}$$

2.14　煤气紧急放散管的根数

一根煤气紧急放散管的放散能力 Q_0(m^3/h)为：

$$Q_0 = \sqrt{\frac{2gp}{\xi\rho}} \times \frac{\pi}{4}D_P^2 \times 3600 \tag{2-38}$$

式中　g——重力加速度，9.81m/s^2；

p——煤气储存压力，mm 水柱（1mm 水柱 =9.8Pa）；

ξ——局部阻力系数，ξ 可取 2.56；

ρ——操作工况下煤气的密度，kg/m³；

D_P——煤气紧急放散管的出口直径，m。

煤气的吞吐量（Q）要由委托设计的工厂提供数据。煤气的吞吐量 Q 应小于煤气柜的吞吐能力 Q^{max}（m³/h）：

$$Q^{max} = 45\pi D^2 \tag{2-39}$$

煤气紧急放散管的根数 m 为：

$$\begin{cases} m = \dfrac{Q}{Q_0} \\ m \text{ 取正整数} \end{cases}$$

2.15 煤气吹扫放散管的根数和直径

考虑到布局对称，吹扫作业时要尽可能地消除死角，煤气吹扫放散管的根数（m_C）宜选用 3 或 4 较为合适。

吹扫作业所需的流量 Q_C 为：

$$Q_C = \frac{3Q_d}{t} \times 60 \tag{2-40}$$

式中 Q_d——煤气柜的死空间容积，m³，对于 KMW 型的煤气柜来说，Q_d 将小于 $0.015V$；

t——吹扫时间，t 可取 20min。

一根煤气吹扫放散管应通过的流量 Q_{C0}（m³/h）为：

$$Q_{C0} = \frac{Q_C}{m_C} \tag{2-41}$$

煤气吹扫放散管的直径 D_C(m)为：

$$D_C = \sqrt{\frac{4Q_{C0}}{3600\pi\sqrt{\dfrac{2gp}{\xi_P \rho}}}} \tag{2-42}$$

式中，ξ_P 可取 10。

2.16 中央底板煤气冷凝水排水管直径的计算

煤气柜的吞吐能力 Q^{max}(m³/h)为：

$$Q^{\max} = 45\pi D^2 \tag{2-43}$$

煤气的最大冷凝水量 G_W(kg/h)为:

$$G_W = \frac{Q^{\max}}{K_V} \times (d_{W1} - d_{W2}) \tag{2-44}$$

式中　K_V——煤气的体积校正系数:

$$K_V = \frac{273 + t_1}{273} \times \frac{10333}{B + p} \times \left(1 + \frac{d_{W1}}{0.804}\right)$$

式中　t_1——煤气入口温度,℃;

B——大气压力, mm 水柱 (1mm 水柱 =9.8Pa);

d_{W1}——煤气入口含湿量 (标态), kg/m³;

d_{W2}——煤气出口含湿量 (标态), kg/m³。

冷凝水排水管的根数 (m_W) 选用 2 ~4。

一根冷凝水排水管的直径 D_W(m)为:

$$D_W = \sqrt{\frac{4G_W \times 10^{-3}}{3600 m_W v_W \pi}} \tag{2-45}$$

式中　v_W——排水管中的流速, v_W 可取 0.5m/s。

2.17　各段立柱的高度

底部油沟底板以上的第 1 段立柱的高度 (H_{11}) 为:

$$H_{11} = h'_S + h_R + h_G + h_H + h_{RS} + h_J + h_W + h_C + \Delta H \tag{2-46}$$

式中　h'_S——检修状态下的临时支柱高度, $h'_S = h_S + 1.1$, m;

h_H——鸟形钩的安装高度 (屋顶外周箱形支座底至活塞导架顶部平台间的距离);

h_{RS}——屋顶外周箱形支座的高度;

h_J——第 1、2 根立柱接缝处以下的立柱连接板的长度;

h_W——上部安装导轮架的总高度;

h_C——外部脚手架吊梁高度 (上部安装导轮架支承槽钢的高度);

ΔH——余量。

同时:

$$H_{11} = H_{G1} + h_J + h_W + h_C + \Delta H \tag{2-47}$$

式中　H_{G1}——第1层回廊的高度（基准面从底部油沟底板上表面算起）。

比较式2-46和式2-47，H_{11}取较大值。

底部油沟底板上表面以下的第1段立柱的高度（H_{12}）取0.45m（参考值）。

第1段立柱的高度H_1为：

$$H_1 = H_{11} + H_{12} \tag{2-48}$$

在安装时，有时为了提高立柱的安装精度，可将H_1分成两段来安装，于是：

$$H_1 = H_{1A} + H_{1B} \tag{2-49}$$

第2段立柱的高度H_2为：

$$H_2 = H_{G2} + h_J + h_W + h_C + \Delta H - H_{11} \tag{2-50}$$

式中　H_{G2}——第2层回廊的高度（基准面从底部油沟底板上表面算起）。

第3、4、…根立柱的高度H_3、H_4、…分别为：

$$\begin{cases} H_3 = H_{G3} - H_{G2} \\ H_4 = H_{G4} - H_{G3} \\ \quad \cdots\cdots \end{cases} \tag{2-51}$$

式中　H_{G3}，H_{G4}——第3层、第4层回廊的高度（基准面均从底部油沟底板上表面算起）。

最上段立柱的高度H_T为：

$$H_T = H_{T.OP} \tag{2-52}$$

3 KMW 型煤气柜壳体设计计算示例

3.1 设计条件

KMW 型煤气柜壳体设计条件为：

储存介质	高炉煤气
储存容积	$30000m^3$
储存压力	6000Pa（600mm 水柱）

3.2 壳体设计计算

KMW 型煤气柜壳体设计计算如下：

（1）壳体直径 D 估算：

$$4 \times 30000 = 4.244D^3 - 2.513D^2$$

当 $D = 30m$ 时：

$$4.244 \times 30^3 - 2.513 \times 30^2 = 112326$$

当 $D = 32m$ 时：

$$4.244 \times 32^3 - 2.513 \times 32^2 = 136494$$

$$D = 30 + \frac{4 \times 30000 - 112326}{136494 - 112326} \times (32 - 30)$$

$$= 30.3m$$

（2）立柱根数 n：

$$n = \frac{\pi D}{7} = 13.6$$

n 取值 14。

（3）活塞油位高度包括：

1）由煤气压力而引起的油位高度 h_1：

$$h_1 = \frac{1}{0.9 \times 1.1} \times (600 + 20) = 626mm$$

2）由活塞倾斜引起的油位补充高度 h_2 为 30mm。

3）侧板内壁附着密封油引起活塞油沟油位增加高度 h_3：

$$h_3 = \frac{4.8V}{\pi D(2.4D - 1.44)}$$

$$= \frac{4.8 \times 30000}{\pi \times 30.3(2.4 \times 30.3 - 1.44)}$$

$$= 21\text{mm}$$

4）密封面以下活塞油沟的存油高度 h_4 选取 305mm。

5）活塞油沟油位的波动值 h_5 选取 40mm。

活塞油位高度 h 为：

$$h = \sum_{n=1}^{n=5} h = 626 + 30 + 21 + 305 + 40$$

$$= 1022\text{mm}$$

（4）活塞环梁的高度 h_R 为：

$$h_R = \frac{1022 + 400}{1000}$$

$$= 1.422\text{m}$$

h_R 选取 1.5m。

（5）活塞环梁的宽度计算如下：

1）活塞的荷载 W 为：

$$W = p\frac{\pi D^2}{4}$$

$$= 600 \times \frac{\pi \times 30.3^2}{4}$$

$$= 432640\text{kg}$$

2）密封机构质量的估算 W_S：

$$W_S = \frac{30.3}{46.9} \times 29000$$

$$= 18736\text{kg}$$

式中　46.9——10 万 m^3 KMW 型煤气柜侧板内径，m；

29000——10 万 m^3 KMW 型煤气柜密封机构的质量，kg。

3）其他设备质量包括：

①导轮质量为：

$$\frac{6250}{22} \times 14 = 3977\text{kg}$$

式中　6250——10 万 m^3 KMW 型煤气柜的导轮总质量，kg；

22——10 万 m^3 KMW 型煤气柜的立柱数。

②防回转装置取 2 组，总质量为 380kg。

③活塞人孔取 2 个，总质量为 220kg。

④活塞倾斜测定装置取 4 组，总质量为 140kg。

⑤收油板按 2 个考虑，总质量为 650kg。

其他设备质量 W_M 为：

$$W_M = 3977 + 380 + 220 + 140 + 650$$
$$= 5367\text{kg}$$

4）活塞油沟内油的质量 W_O 估算为：

$$W_O = \frac{\pi}{4}(2.4D - 1.44) \times \frac{h}{1000} \times \rho_O$$
$$= \frac{\pi}{4}(2.4 \times 30.3 - 1.44) \times \frac{1022}{1000} \times 900$$
$$= 51493\text{kg}$$

5）活塞结构质量包括：

①活塞环梁质量为：

$$155700 \times \frac{30.3}{46.9} \times \frac{1.5 \times 0.7}{1.8 \times 1.6} = 36674\text{kg}$$

式中　155700，46.9，1.8，1.6——分别为 10 万 m^3 KMW 型煤气柜的活塞环梁质量，kg；侧板内径，m；活塞环梁高，m；活塞环梁宽，m；

0.7——假定的 3 万 m^3 KMW 型煤气柜活塞环梁宽，m。

②活塞导架质量为：

$$29100\times\frac{30.3}{46.9}\times\frac{14}{22}=11964\text{kg}$$

式中 29100，22——分别为 10 万 m^3 KMW 型煤气柜的活塞导架质量，kg；立柱数。

③活塞油沟与活塞导架上部平台质量为：

$$\frac{9800+19400}{46.9}\times30.3=18865\text{kg}$$

④活塞梁与活塞板质量为：

$$\frac{29300+69300}{46.9^2}\times30.3^2=41154\text{kg}$$

⑤至活塞导架上部平台的斜梯两处，总质量取 1150kg。

⑥活塞挡油板的个数等于煤气紧急放散管的根数，现预设两处，总质量取 1150kg。

⑦活塞走廊及中央平台质量为：

$$\frac{3700}{46.9}\times30.3=2390\text{kg}$$

活塞结构的质量 W_C 为：

$$\begin{aligned}W_C&=36674+11964+18865+41154+1150+1150+2390\\&=113347\text{kg}\end{aligned}$$

6）作为平衡配重用的混凝土的总质量 W_b 为：

$$\begin{aligned}W_b&=p\frac{\pi D^2}{4}-W_S-W_M-W_O-W_C\\&=432640-18736-5367-51493-113347\\&=243697\text{kg}\end{aligned}$$

7）活塞环梁内素混凝土的充填质量 $W_{b.d}$ 为：

$$\begin{aligned}W_{b.d}&=0.85W_b\\&=0.85\times243697\\&=207142\text{kg}\end{aligned}$$

活塞环梁的宽度 b_R 为：

$$b_R^2 - (D - 1.2)b_R + \frac{W_{b.d}}{6500h_R} = 0$$

$$b_R^2 - (30.3 - 1.2)b_R + \frac{207142}{6500 \times 1.5} = 0$$

$$b_R^2 - 29.1b_R + 21.24 = 0$$

$$b_R = 0.75\text{m}$$

b_R 取 0.75m。

（6）侧板高度 H 为：

$$\begin{cases} H = 1.558D = 1.558 \times 30.3 = 47.2\text{m} \\ H = S + h_S + h_R + h_G + \Delta S + h_{RS} \\ \quad = \dfrac{4 \times 30000}{\pi \times 30.3^2} + 1.3 + 1.5 + \dfrac{30.3}{8} + 0.8 + 0.015 \times 30.3 \\ \quad = 41.6 + 1.3 + 1.5 + 3.79 + 0.8 + 0.45 \\ \quad = 49.4\text{m} \end{cases}$$

H 选取两个 H 计算式中的较大值，并取 H 值为 50m。

（7）侧板顶部至预备油箱平台面的高度验算如下：

1）侧板顶部至活塞环梁底的最低高度 $H_{T.RB}^{min}$ 为：

$$H_{T.RB}^{min} = h_R + h_G + h_{RS} = 1.5 + \frac{30.3}{8} + 0.45 = 5.74\text{m}$$

2）活塞油沟油面至活塞环梁底的高度 $H_{O.RB}$ 为：

$$H_{O.RB} = \frac{1022}{1000} + 0.2 = 1.222\text{m}$$

3）侧板顶部至活塞油沟油面的最低高度 $H_{T.O}^{min}$ 为：

$$H_{T.O}^{min} = H_{T.RB}^{min} - H_{O.RB} = 5.74 - 1.222 = 4.52\text{m}$$

4）预备油箱溢流口至预备油箱平台面的高度 $H_{O.OP}$ 为：

$$H_{O.OP}=h_{O.OB}+\delta_{OB}+h_{OB.OP}$$
$$=0.046+0.006+2.250$$
$$=2.302\text{m}$$

注：2.250 中包括了一块侧板的高度 1.850m。

5）侧板顶至预备油箱平台（回廊）面的最大高度 $H_{T.OP}^{max}$ 为：

$$H_{T.OP}^{max}=H_{T.O}^{min}+H_{O.OP}$$
$$=4.52+2.302$$
$$=6.822\text{m}$$

侧板顶至预备油箱平台（回廊）面的设计高度 $H_{T.OP}<H_{T.OP}^{max}$ 即可。

（8）煤气紧急放散管开孔区中心高度 H_{CP} 为：

$$H_{CP}=h_S+S+h_{B.SB}+\Delta h+\frac{h_P}{2}$$
$$=1.3+41.6+0.355+0.5+\frac{0.24}{2}$$
$$=43.875\text{m}$$

煤气紧急放散管开孔区中心高度 H_{CP} 的校核：

$$H-H_{CP}+\frac{h_P}{2}+h_{B.SB}-h_R-h_G-h_{RS}$$
$$=50-43.875+\frac{0.24}{2}+0.355-1.5-\frac{30.3}{8}-0.45$$
$$=0.863\text{m}$$

0.863 >0，故 H_{CP} 值 43.875m 选定合适。

（9）屋顶板的外圆周起拱角 α_{RT} 取 22.5°，屋顶板的球面半径 R_{RT} 为：

$$R_{RT} = \frac{R - \Delta R}{\sin\alpha_{RT}} = \frac{\frac{30.310}{2} - 0.08}{\sin 22.5°}$$

$$= 39.393\text{m}$$

（10）活塞板的假想起拱角 α_P 取 22.5°，活塞板的球面半径 R_P 为：

$$R_P = \frac{D}{2\sin\alpha_P} = \frac{\frac{30.3}{2}}{\sin 22.5°}$$

$$= 39.589\text{m}$$

（11）底部油沟的宽度计算如下：

1）预备油箱的储油量总质量（W_F）为：

$$W_F = 2.23 \times 2 \times 0.9 = 4.014\text{t}$$

式中　2.23——一个预备油箱的储油量，m^3；

2——预备油箱的个数。

2）活塞油沟的储油量 $W_O = 51.493$t。

3）预备油箱和活塞油沟的储油量全部卸下时底部油沟内增加的储油高度 h_{BI} 为：

$$h_{BI} = 0.9 - 0.33 - 0.12 = 0.45\text{m}$$

式中　0.9——假定底部油沟处侧板上 ϕ600mm 人孔中心距底部油沟底板为 1.3m 时，则人孔下沿距底部油沟底板为 1.0m，当油层高度的富裕量取 0.1m 时，则底部油沟油位的高度为 0.9m；

0.33——底部油沟内水层高度，m；

0.12——底部油沟内正常操作情况下的油层高度，m。

底部油沟的宽度 b_B 按下式计算：

$$\frac{W_F + W_O}{0.9 \times \pi h_{BI}} = Db_B - b_B^2$$

$$\frac{4.014+51.493}{0.9\times\pi\times0.45}=30.3\times b_B-b_B^2$$

$$b_B^2-30.3b_B+43.63=0$$

$$b_B=1.5\text{m}$$

b_B 取1.6m。

（12）活塞的环梁底至活塞板梁顶的高度 h_{PA} 为：

$$h_{PA}=R_P-\sqrt{R_P^2-\left(\frac{D}{2}\right)^2}$$

$$=39.589-\sqrt{39.589^2-\left(\frac{30.3}{2}\right)^2}$$

$$=3.013\text{m}$$

（13）中央底板的球面半径 R_B 为：

$$R_B=\frac{0.25D_{CB}^2+h_{PA}^2}{2h_{PA}}$$

$$=\frac{0.25(D-2b_B-0.6)^2+h_{PA}^2}{2h_{PA}}$$

$$=\frac{0.25(30.3-2\times1.6-0.6)^2+3.013^2}{2\times3.013}$$

$$=29.336\text{m}$$

（14）侧板的段数包括：

1）预备油箱平台（回廊）以下的侧板段数 N_1：

$$N_1>\frac{50-6.822}{1.85}=23.3$$

N_1 取24。

2）预备油箱平台（回廊）以上的侧板段数 N_2：

$$N_2 = 2 + \frac{50 - 1.85 \times 24 - 3.7}{1.5}$$

$$= 2 + 1.27$$

N_2 取 4。

侧板总段数 N 为：

$$N = N_1 + N_2 = 28$$

（15）侧板顶至预备油箱平台（回廊）面的设计高度（$H_{T.OP}$）调整：

$$H_{T.OP} = H - 1.85N_1$$

$$= 50 - 1.85 \times 24$$

$$= 5.6\text{m}$$

（16）煤气紧急放散管开孔区中心高度 H_{CP} 的校核：

预备油箱平台的高度为 $1.85 \times 24 = 44.4\text{m}$；$H_{CP}$ 的初值为 43.875m。由于 H_{CP} 的初值与预备油箱平台的高度相差 0.525m，对 H_{CP} 的值予以认可。

（17）煤气紧急放散管的根数计算如下：

1）一根煤气紧急放散管的放散能力 Q_0(m^3/h)为：

$$Q_0 = \sqrt{\frac{2gp}{\xi\rho}} \times \frac{\pi}{4} D_P^2 \times 3600$$

式中　g——9.81m/s^2；

p——600mm 水柱（1mm 水柱 = 9.8Pa，下同）；

ξ——局部阻力系数，ξ 可取 2.56。

$$\rho = (\rho_0 + d_w) \times \frac{273}{273 + t} \times \frac{B + p}{10333} \times \frac{0.804}{0.804 + d_w}$$

式中　ρ_0——标准情况下高炉煤气的密度，kg/m^3，ρ_0 取 1.3kg/m^3；

d_w——t℃时 1m^3（标态）煤气中的饱和水蒸气含量，当 t = 35℃时 d_w = 0.047kg/m^3(标态)；

B——操作工况时的大气压力，假定 B 取 10200mm 水柱。

则:

$$\rho = (1.3 + 0.047) \times \frac{273}{273 + 35} \times \frac{10200 + 600}{10333} \times \frac{0.804}{0.804 + 0.047}$$

$$= 1.179\text{kg/m}^3$$

D_P 取0.4m。

$$Q_0 = \sqrt{\frac{2 \times 9.81 \times 600}{2.56 \times 1.179}} \times \frac{\pi}{4} \times 0.4^2 \times 3600$$

$$= 28253\text{m}^3/\text{h}$$

2）煤气的吞吐量 Q 假定取 30000m³/h，煤气柜的吞吐能力 Q^{max} 为:

$$Q^{max} = 45\pi D^2$$

$$= 45 \times \pi \times 30.3^2$$

$$= 129792\text{m}^3/\text{h}$$

$Q < Q^{max}$。

煤气紧急放散管的根数 m 为:

$$m = \frac{Q}{Q_0} = \frac{30000}{28253}$$

$$= 1.06$$

m 取2。

(18) 煤气吹扫放散管的根数和直径的计算如下:

1）吹扫放散管的根数 m_C 选用3。

2）吹扫作业所需的流量 Q_C 为:

$$Q_C = \frac{3Q_d}{20} \times 60$$

$$= \frac{3 \times 0.015 \times 30000}{20} \times 60$$

$$= 4050\text{m}^3/\text{h}$$

式中 Q_d——煤气柜的死空间容积，Q_d 取煤气柜储气量的1.5%。

3）一根吹扫放散管应通过的流量 Q_{C0} 为:

$$Q_{C0}=\frac{Q_C}{m_C}=\frac{4050}{3}=1350\mathrm{m^3/h}$$

煤气吹扫放散管的直径 D_C 为:

$$D_C=\sqrt{\frac{4Q_{C0}}{3600\times\pi\sqrt{\frac{2gp}{\xi\rho}}}}$$

$$=\sqrt{\frac{4\times1350}{3600\times\pi\sqrt{\frac{2\times9.81\times600}{10\times1.179}}}}$$

$$=0.12\mathrm{m}$$

D_C 选用 DN150。

(19) 中央底板煤气冷凝水排水管的根数和直径的计算如下:

1) 煤气的最大吞吐量 Q^{max} 为:

$$Q^{max}=45\times\pi\times30.3^2=129792\mathrm{m^3/h}$$

2) 煤气的小时最大冷凝水量 G_w 为:

$$G_w=\frac{Q^{max}}{K_v}\times(d_{w1}-d_{w2})$$

$$K_v=\frac{273+t_1}{273}\times\frac{10333}{B+p}\times\left(1+\frac{d_{w1}}{0.804}\right)$$

当 t_1 取 35℃, $B=10200$mm 水柱, $p=600$mm 水柱, $d_{w1}=0.0475\mathrm{kg/m^3}$ 时, $K_v=1.143$。当 t_2 取 30℃时, $d_{w2}=0.0352\mathrm{kg/m^3}$。因此:

$$G_w=\frac{129792}{1.143}\times(0.0475-0.0352)$$

$$=1397\mathrm{kg/h}$$

3) 冷凝水排水管的根数 m_w 取 2。

一根冷凝水排水管的直径 D_w 为：

$$D_w=\sqrt{\frac{4G_w\times10^{-3}}{3600m_w v_w\pi}}$$

$$=\sqrt{\frac{4\times1397\times10^{-3}}{3600\times2\times0.5\times\pi}}$$

$$=0.022\text{m}$$

D_w 选用 DN100 以防止灰泥堵塞。

(20) 各层回廊的高度为：

基准面	底部油沟底板的上表面
屋顶回廊高度	50m
预备油箱回廊高度	$50-5.6=44.4$m
第一回廊高度	$8\times1.85=14.8$m
第二回廊高度	$14.8+8\times1.85=29.6$m

(21) 各段立柱的高度计算如下：

1) 第 1 段立柱的高度 H_1 为：

$$H_1=H_{11}+H_{12} \quad 或 \quad H_1=H_{1A}+H_{1B}$$

底部油沟底板以上的第 1 段立柱的高度 H_{11} 为：

$$H_{11}=h'_S+h_R+h_G+h_H+h_{RS}+h_J+h_W+h_C+\Delta H$$

$$=2.4+1.5+\frac{30.3}{8}+3.9+0.45+0.6+0.179+0.2+0.3$$

$$=13.317\text{m}$$

同时 $H_{11}=H_{G1}+h_J+h_W+h_C+\Delta H$

$$=14.8+0.6+0.179+0.2+0.3$$

$$=16.079\text{m}$$

H_{11} 取 16.079m，$H_1=H_{11}+H_{12}=16.529$m，H_{1A} 取 10.529m，H_{1B} 取 6.0m。

注：H_{1A} 与 H_{1B} 的值可依实际情况来选取（这里的 10.529 与 6.0 是示意的假定值）。

2) 第 2 段立柱的高度 H_2 为：

$$H_2=H_{G2}+h_J+h_W+h_C+\Delta H-H_{11}$$

$$=29.6+0.6+0.179+0.2+0.3-16.079$$

$$=14.8\text{m}$$

3）第 3 段立柱的高度 H_3 为：

$$H_3 = H_{G3} - H_{G2} = 44.4 - 29.6 = 14.8\text{m}$$

4）第 4 段（最上段）立柱的高度 H_4 为：

$$H_4 = H_{T.OP} = 5.6\text{m}$$

3.3　重量估计

KMW 型煤气柜壳体重量估计如下：

结构部分

底板	40t
侧板（$\delta=5$）	256.9t
立柱	62.93t
活塞	113.3t
屋顶	58.6t
换气楼	13.92t
回廊与楼梯	46.3t
小计	591.95t

工艺部分

导轮	4.0t
防回转装置	0.38t
屋顶旋转平台	2.5t
内部电梯	4.00t
紧急救援装置	0.49t
内容量指示器	2.7t
密封装置	18.7t
油泵站	7.8t
预备油箱	3.78t
活塞倾斜测定装置	0.14t
收油板	0.65t
柜体附件	1.11t
煤气紧急放散管	2.2t

检修风机及配管	2.6t
油泵站配管	2t
中央底板排水管	2.19t
煤气出入口管排水管	0.18t
煤气吹扫放散管	2t
冲洗水给排水管	2.19t
氮气配管	0.40t
小计	60.01t
共计	651.96t

3.4 设计参数

KMW 型煤气柜壳体设计参数如下：

储存容积	30000m^3
储存压力	6000Pa（600mm 水柱）
储存介质	高炉煤气
型式	KMW 型
侧板内径	30.300m
侧板高	50m
柜体总高	约 57m
立柱数	14
高径比	1.65
回廊数	4
活塞行程	41.6m
油泵站个数	2
防回转装置数	2
煤气紧急放散管根数	2
中央底板排水管根数	2
柜本体重量	651.96t

4 结构与设备的特征和要点

4.1 侧板

侧板在工厂经过集束加工（刨边和钻孔）后，每块侧板与加强筋借用特殊的焊接胎具以特定的焊接方法焊在一起，并利用与侧板的弯曲相符合的搬运胎具，使侧板在不变形的状态下运至工地现场进行安装作业。

依照所处位置的不同，侧板大致分为以下 4 个类型：

（1）一般部分侧板；

（2）防回转部分的侧板；

（3）带预备油箱的侧板；

（4）可拆卸的侧板。

侧板的加强筋横向地设在侧板的上端，除了加强的作用之外，又起到与上一块侧板的焊接连接板或夹板的作用。

侧板在焊接之前要仔细地清除掉对焊接有影响的锈、涂料、灰尘。

侧板在现场调整好焊缝间隙、紧固完安装螺栓之后才开始着手焊接作业。侧板的焊接有特定的程序，壳体内面采用保护气体焊或自保护焊，壳体外面采用手工电弧焊。侧板的安装螺栓为一种特种螺栓，壳体外部的螺栓头要实行紧密焊接，壳体内部的螺栓杆上的螺纹要切掉并对螺孔实行填孔焊，然后再用砂轮机磨平，这样最后壳体的内表面就形成一个光滑的大平面，而不像 M. A. N 型煤气柜壳体的内表面那么多侧板接缝“突台”，故密封油的飞溅损失就少。

4.2 立柱

立柱是承受外加荷载的主骨架，立柱的构造分为两种类型：

（1）一般部分立柱——采用 H 型钢。

（2）防回转部分立柱——由 T 型钢与钢板相焊接的结构，沿钢板厚度的两个纵向端面要进行加工，该加工后的端面就成了防回转装置卡块的导向面。

对于煤气柜本体来说，加工制作中难度最大者当属立柱的加工与制作，而立柱的加工制作中难度最大者当属立柱的开孔。每节立柱开孔的数量大（约300个左右的孔）、种类多、规格多，且孔的相互间位置要求准确，这就是难度的所在。

立柱的加工有下列的工序，即原材料的弯曲校核校直⟶划线⟶切割⟶开坡口⟶开孔。立柱的内侧翼椽、腹板、外侧翼椽都要求开孔，但开孔工作量大的当属立柱的内侧翼椽（即靠近煤气柜的那一侧）。那么多的孔要达到开孔的直径和位置符合要求，就要靠预先制作好的专门的模板来执行，利用模板来对准、钻孔。立柱外侧翼椽和腹板的开孔，要以立柱内侧翼椽的孔中心为基准。

内侧翼椽的开孔有五种，因为煤气柜容积大小不同，所以各节点处受力大小不同，故螺栓孔的个数和孔径也不同，现以15万m^3煤气柜为例说明如下：

（1）立柱接头夹具开孔：ϕ17.5mm×24（每个接头处）。

（2）悬垂板安装开孔：ϕ25.5mm×4，ϕ17.5mm×16；每一浮升高度一块悬垂板。

（3）侧板安装开孔：ϕ17.5mm×m（对准每块侧板宽度）。

（4）可拆卸侧板安装开孔：2排ϕ12.5mm×n（仅个别立柱有）。

（5）屋顶与立柱间的垫板开孔：ϕ17.5mm×12（仅第1根和最高的那根立柱的上端）。

注：一般部分立柱与防回转部分立柱对于上述(1)~(3)的开孔行距不同。

外侧翼椽的开孔有以下四种，现以15万m^3煤气柜为例说明如下：

（1）立柱接头夹具开孔：ϕ17.5mm×24（每个接头处）。

（2）立柱间拉杆接板开孔：ϕ17.5mm×8（仅限于第1根立柱，拉杆为相邻立柱间的斜向拉杆，系施工过程增稳举措）。

（3）回廊支架固定螺栓开孔：ϕ21.5mm×10（系一般部分回廊）；ϕ21.5mm×8及ϕ17.5mm×4（系屋顶部分回廊）。

（4）外部楼梯支架安装开孔：ϕ17.5mm×p（若外部楼梯绕外部电梯竖井盘旋则不考虑此项开孔）。

腹板的开孔有以下两种，现以 15 万 m^3 煤气柜为例说明如下：

（1）立柱接头连接板：ϕ17.5mm×4。

（2）侧板加强筋 T 型钢连接板开孔：ϕ17.5mm×2（对准每块侧板的加强筋 T 型钢，当 T 型钢与立柱的连接板采用焊接形式时则取消此项）。

4.3　屋顶

屋顶为圆拱形的结构，屋顶板铺设在由圆周方向和半径方向的梁构成的骨架上，屋顶板与屋顶梁采用焊接连接。

屋顶层的设备配置如下：

（1）屋顶天窗——气柜内部采光用。

（2）换气楼——与侧板顶层进气构成煤气柜的呼吸系统。

（3）屋顶走廊——屋顶回廊至换气楼的通道。

（4）煤气紧急放散管——防止活塞上升碰顶的保安装置。

（5）塔楼平台——位于换气楼底部,设有内部电梯及紧急救助装置。

（6）旋转平台——屋顶内侧油漆和维护用，可 360°旋转，在屋顶上有进入的乘降口。

（7）屋顶回廊及屋顶回廊排水管——屋顶雨水要有专门的排水管导出。

换气楼的侧板分内外两圈，外侧板为挡风板，内侧板上部排风部分遮以防鸟用的不锈钢丝网，内侧板下部有挡板护围，内侧板顶部封闭，煤气柜上部空间的气体从换气楼内、外侧板间的环隙处逸出。在换气楼的顶部设有航空障碍灯。

内部电梯的性能及规格如下：

型式	单卷筒提升吊笼式
最大承载量	240kg，定员 3 人
额定升降速度	18m/min
防爆级别	Q-1 级（用于煤气柜屋顶以下、活塞以上的空间）
动力电源	交流、3 相、380V、50Hz
电动机	5.5kW、6P
	带制动器的感应电动机、耐压防爆型

	额定（连续）、绝缘（E种）
行程	大于活塞的极限行程（即大于煤气柜紧急放散管完全开启的行程）
操作方式	正常情况下电动机经减速机带动卷筒使吊笼升降。当停电或电控系统出现故障时，可用手摇机构带动卷筒进行工作，同时切断电源。在吊笼内用内部操纵杆升降，在乘口处用外部操纵杆升降，具有双重操作方式，当人进入吊笼，井巷门未关时吊笼不能开动，机外操纵杆无法操作。吊笼在升降或在井巷以外任何位置停留时，井巷门无法打开。
内部电梯竖井门	回转门
吊笼门	滑动门
自动追踪装置	当吊笼下降，落在活塞上，且活塞随着煤气柜内储量变化而升降时，此时吊笼通过松弛钢绳操纵装置也跟踪升降。若机械失灵，卷筒继续放出钢绳，可自动切断电源
保安装置	1. 超速防止装置。当吊笼下降速度超过额定速度40%时，防超速下降装置动作，使紧急开关切断电源，制动传动机构 2. 过升防止装置。当吊笼上升至上极限位置时，通过机械方法使限位开关动作切断电源，使传动机构制动 3. 超负荷防止装置。当吊笼出现超负荷时，超负荷保护装置可自动切断电源 4. 乘场门闭锁装置 5. 手动卷上时电源切断装置

紧急救助装置的规格如下：

型式	手动卷上式
承载量	80kg，定员1人
笼子	布袋，ϕ700mm×H1100mm
手柄的回转力	约10kg

塔楼平台（或称内部电梯平台）承载着内部电梯及紧急救助装置，作为一层设备维修的平台，平台板厚6mm，周围栏杆高1100mm，栏杆四周用钢板网护围。紧急救助装置的乘口设对开式活

动盖板，四周有1100mm高的围栏。吊笼乘口平台悬挂在塔楼平台的下部，这样处理可以降低换气楼的高度，同时也有利于提高它的换气能力。

旋转平台内侧距煤气柜中心的距离接近并略小于换气楼内圈的半径（即屋顶中心圆半径），旋转平台的外侧与活塞上部平台的内侧的净空距离约0.3m。旋转平台的内、中、外三个吊点吊挂在内、中、外三圈25号工字钢上，25号工字钢同屋顶骨架的径向梁连接在一起。旋转平台与屋顶的净距为900mm，旋转平台的扶手栏杆高为1100mm。旋转平台内、外吊点处由行走滚轮承载，中间吊点处由支承滚轮承载。新型煤气柜由于有条件增设该项设备，所以，对屋顶板内侧的维修作业就要方便得多。

4.4　回廊

回廊对煤气柜的壳体起着横向的加强作用，回廊的间距约14m左右。中间回廊的宽度为1100mm，而屋顶回廊的宽度比中间回廊的宽度约增加一个屋顶与立柱的连接垫板的厚度。屋顶回廊的外周下方尚有一圈挡风板，挡风板的高度1.6～1.8m，这圈高的挡风板会大大地减少外部水平气流夹带的尘埃进入煤气柜内的数量。各层回廊的栏杆高度为1100mm。若煤气紧急放散管的直径较粗，那么通过预备油箱的回廊的那部分宽度还要局部适当加宽。

4.5　活塞

在周边的环梁（或称脚环，为刚性环）上起拱而形成的圆拱形的骨架梁上铺设屋顶板后便构成了活塞。活塞的升降导向靠活塞上的导向架和导轮来完成。活塞的密封依靠环梁与侧板的间隙内形成的活塞油沟内油位静压协同橡胶填料的密封作用而完成。

4.5.1　活塞的构造

活塞的构造包括以下部分：

（1）活塞环梁；

（2）屋顶梁；

(3) 屋顶板;

(4) 导向架;

(5) 导向架上部平台;

(6) 中央平台;

(7) 活塞走廊;

(8) 至上部平台的斜梯;

(9) 平衡重量用的混凝土块。

活塞环梁（脚环）在活塞的构造上是个重要的部分，它要求与导向架的柱子和屋顶径向梁要有可靠的连接而形成一个刚性整体。活塞环梁沿圆周方向分成若干段，沿两个立柱间距为一段，每段有起吊用的吊耳、注入混凝土的人孔，每段的横断面内均有若干处加强筋，每段都有分隔混凝土的分隔板，充填于每一段环梁内的混凝土的质量要相同。为了平衡由于煤气内压力而产生的上浮力，活塞环梁内要充填大量的混凝土，充填混凝土的重力和活塞的重力都作用在环梁上，故环梁壁板的厚度要有足够的厚度以保持其刚性结构。

屋顶梁是由径向主梁、径向支梁和环向主梁构成的拱形骨架，从骨架结构受力来看受力最大者当属拱形骨架的外周，故处于外圆周附近的径向主梁与环向主梁的梁断面也就大一些。活塞屋顶板铺在骨架梁上，正面为连续焊，背面为断续焊。

导向架分为两种，即一般部分导架与防回转部分导架。一般部分导架的受力来自上、下导轮，防回转部分导架的受力除了上、下导轮之外还有防回转装置产生的环向应力，防回转部分的导架有针对性地在产生环向应力处给予了局部结构的补强。各导向架在环向的水平方向与垂直方向又以桁架式结构相连接，从而成为一个刚性的整体。

中央平台为接受内部电梯吊笼着陆用，采用木质平台板，中央平台至活塞周边可以有1~2个活塞走廊相连接。中央平台不设扶手栏杆，活塞走廊可以设1100mm高的扶手栏杆。

作为平衡煤气压力用的混凝土配重分为两部分。一部分相当于死配重，以素混凝土的形式充填于活塞环梁内。另一部分相当于活配重，以混凝土块的形式作调整用。混凝土块的尺寸为0.4×0.3×0.1（长×宽×高，单位为m），内有一圈ϕ6mm的钢筋，每块质量约为

27.8kg。由于每个相邻两立柱间的扇形区间的设计质量不同，故每个扇形区间的活配重块的数量也不同，活配重块调整的最终结果应达到各个扇形区间的总质量均相等，这就要求设计人员提供活配重块的排列分布图纸。

4.5.2　活塞上设备的配置

活塞上的设备配置如下：

(1) 上部导轮：等于立柱数；

(2) 下部导轮：等于立柱数；

(3) 防回转装置：2 或 4 个（容量大的煤气柜设 4 个）；

(4) 受油板与挡油板；

(5) 活塞倾斜测定装置：4 个；

(6) 密封装置；

(7) 其他：如人孔、压力计等。

活塞导轮分为固定式、弹簧式两种型式，分别安装在活塞导向架的上部（即上部导轮）和下部（即下部导轮）。在煤气柜的南面（日照面），对于立柱的一般部分，上部导轮与下部导轮均安设弹簧式导轮，以吸收侧板的热变形量；对于立柱的防回转部分，上部导轮安设弹簧式导轮，下部导轮安设固定式导轮。因防回转装置的位置靠近下部导轮，为了让防回转装置起作用，下部导轮就安设为固定式导轮。在煤气柜的北面（背阴面），对于立柱的一般部分和防回转部分，上、下部导轮均采用固定式导轮。

弹簧导轮内储有 12 片皿弹簧，皿弹簧的自由长度为 102mm，组装长度为 83mm，预压缩量为 19mm，弹簧导轮的最大轮压约 5t/个。

对于防回转装置，10 万 m^3 容积以下的煤气柜可选用 2 个，15 万 m^3 容积以上的煤气柜可选用 4 个。安装防回转装置的首选位置应选在南北方向，因为处于南北方向的立柱受日照影响的环向变位要小一些。若有 4 个防回转装置，则次选位置应选在接近于东西向。首选位置防回转装置的防回转块与立柱的防回转导板的间隙为一侧 2mm，次选位置则间隙为一侧 6mm。

受油板置于导向架上部平台上并对准预备油箱的方位。受油板用于收集溅离侧板的油滴，溅离侧板的油滴落入受油板中的滤油层后，再沉淀于底板后经汇油槽由排油管排至活塞油沟中。滤油层由最上层的不锈钢板网及下面的不锈钢丝网构成，滤油层及底板有约3%的坡度坡向侧板方向，收油板的平面尺寸约为5500mm×1200mm（长×宽）。

挡油板置于活塞环梁的活塞油沟底板下面并对准煤气紧急放散管的方位。当活塞上升到超过其行程的100%时再继续上升就会接近煤气紧急放散的区位，在接近开始煤气紧急放散的瞬间，此时活塞油沟内的密封油会少量地导入煤气紧急放散管的底部，活塞再往上升，煤气紧急放散的通路开通，此时煤气紧急放散管下部存留的密封油会向煤气柜内部流溅。挡油板的作用是将这部分由煤气紧急放散管向煤气柜内流溅的密封油挡住并导向它沿侧板往下流。当然，随着煤气紧急放散的出现，少量的密封油也会被气流夹带从煤气紧急放散管的管口溅出。因此，在实际操作中，不希望出现煤气紧急放散的这一非常工况。

活塞倾斜测定装置设置4个，间隔角度约90°，相对的两个需在一条径线上。以比较对应点侧板焊缝在标尺杆上的刻度差来确定活塞的倾斜，这是一种过去沿用的方式，从测试机构的重量及测试的简便程度来看，这种方式均不如威金斯型煤气柜采用的利用连通管读液位差的方式好。

密封装置将在专门的一章来讨论。

4.6 底板

底板的构造包括以下部分：

（1）底部油沟；

（2）中央部分底板；

（3）煤气出入口管；

（4）检修风机连接管；

（5）活塞支座；

（6）底部油沟过桥。

底部油沟的底板厚度一般采用6mm，底部油沟的底板上表面是作为煤气柜的安装基准面，安装基准面的标高有采用 GL +506mm 的，有采用 GL +356mm 的，从经济的角度看后者占优，从操作上看前者较方便些。底部油沟有分堰的，也有不分堰的，也有既可以分堰也可以不分堰的，最后者在操作上当更为灵活。底部油沟的隔板是煤气柜底板的周边部分（底部油沟）和中央部分的分界线，底部油沟隔板的高度约低于活塞环梁底板下表面不小于 100mm 且应大于异常最高油面的高度（即预备油箱与活塞油沟中的密封油均卸至底部油沟内的情况），中央底板的厚度为 4.5mm。

煤气出入口管的断面积应不小于满足煤气柜吞吐量需要的断面积。煤气出入口管是通过侧板穿过底部油沟而伸入到中央底板内部空间的矩形管道。煤气出入口管也可兼做检修人员进入活塞屋顶板下部空间的通道，因此柜外的煤气出入口管应有人孔，柜内的煤气出入口管内应有攀上的把手，煤气出入口管的高度应不小于 1100mm 的通过人的最低高度。当煤气出入口管的宽度接近或超过高度的 2 倍时，应有中隔板将宽度分隔。中隔板应有导气孔与分隔的两通道连通，煤气出入口管的侧板、顶板、中隔板应有加强筋加强。在底部油沟的上方，煤气出入口管的顶距活塞环梁的底的净空高度应不小于 100mm。煤气出入口管在柜外部分应有冷凝水排水管接出。煤气出入口管的两端应有支座，煤气出入口管应与支座有牢固的连接以抗衡底部油沟内排出部分液体而产生的浮力。煤气出入口管也可兼作检修风机的连接管，检修风机与出口阀门之间装上盲板（单独的一套盲板、法兰）就可接至煤气出入口管的柜外部分。在煤气柜运行时，只需将检修风机的一侧用盲板切断即可。

活塞支座可采用伸缩式，当活塞下部空间需维修时，在活塞支座内垫接一根长 1.1m 的临时支柱，活塞下部空间的高度即增加 1.1m，再加上原有的活塞着陆时活塞下部空间的高度后检修高度就更充裕了（比曼型柜的检修高度还要充裕一些）。

侧板上最下端的人孔下缘应高出底部油沟的异常最高油面，跨入柜内后经底部油沟过桥可进入中央底板。底部油沟过桥面应不低于异常最高油面。

底板上的设备配置如下：

（1）底部油沟蒸汽加热管；

（2）底部油沟冲洗水管；

（3）中央底板冷凝水排水管；

（4）底部油沟分隔堰连通管；

（5）检修风机及其配管。

底部油沟的蒸汽加热管不仅限于冬季寒冷地区对密封油的加热，当由于煤气中轻油悬浮物的溶解而引起密封油的闪点和黏度降低时也需要进行蒸汽加热。在正常时加热密封油的温度为30～40℃，短时间不超过50℃。底部油沟蒸汽加热管蒸汽的参数并不要求较高的蒸汽压力，2～3kgf/cm^2 的饱和蒸汽即可，故当蒸汽管网压力高时就需要用减压装置将它减下来，蒸汽压力高了反而不利。对于寒冷地区的冬季加热，当密封油的温度低于+5℃时就需投入加热装置的运行。加热需要的蒸汽量，靠改变手动截止阀的开度来进行。鉴于蒸汽加热管几乎是无法检修的，于是在制作现场提高了对它的试验要求，耐压试验提高至15kgf/cm^2，严密性试验提高至11kgf/cm^2，阀门与法兰及其紧固件也需满足耐压试验的要求。

底部油沟冲洗水管用于冲洗底部油沟的沉积焦油及灰泥等,有注水管及排水管,当底部油沟分隔成数段时,对底部油的冲洗操作最为有利。

中央底板的冷凝水将汇集于中央拱形底板与底部油沟隔板相交处的环形槽中，由此通过水平排水管（敷设在活塞环梁以下、底部油沟油面以上）穿过侧板后接水封排水器排出，排水器中的水封高度应不小于柜内煤气压力加5000Pa（500mm 水柱）。水封排水器前的闸阀设置双闸阀较为适宜，以免单闸阀出毛病而影响煤气柜的运行。

底部油沟分隔堰连通管设有闸阀，当闸阀关闭时，各个油循环系统将单独运行，各个油泵站的每日运转次数将反映出所在区间内活塞密封装置与侧板的贴合程度。当闸阀开启时底部油沟的油位连通，当某个油泵站检修时，可由其他油泵站负担供油。

4.7　检修风机及其配管

4.7.1　检修风机参数的确定

风机的风压可按下式确定：

$$p_a = p + \frac{4(W_l - W_{b.L})g}{\pi D^2} \tag{4-1}$$

式中 p_a——检修风机的风压，Pa；

p——煤气柜储气压力，Pa；

W_l——施工安装时附加到活塞上的荷载，kg；

$$W_l = W_w + W_c + W_i + W_s + W_f + W_e + W_h$$

W_w——屋顶重，kg；

W_c——换气楼重，kg；

W_i——内部电梯及紧急救援装置重，kg；

W_s——屋顶旋转平台重，kg；

W_f——施工时外部脚手架重，kg；

W_e——屋顶卷扬机重，kg；

W_h——鸟形钩重，kg；

$W_{b.L}$——混凝土块的配重，kg；

D——侧板内径，m；

g——$9.81\mathrm{m/s^2}$。

例如对于 3 万 $\mathrm{m^3}$ 煤气柜：

$$\begin{aligned} p_a &= p + \frac{4(W_w + W_c + W_i + W_s + W_f + W_e + W_h - W_{b.L})g}{\pi D^2} \\ &= 6000 + [4(58600+13920+4490+2500+10180+20000+7500 \\ &\quad -243697\times 0.15)\times 9.81]/(\pi \times 30.3^2) \\ &\approx 7120\mathrm{Pa} \end{aligned}$$

风机的风量按下面两式取较大值确定（$\mathrm{m^3/min}$）：

$$Q_a = 0.056D\sqrt{\frac{2p_a}{\rho}} \tag{4-2}$$

式中 Q_a——风量，$\mathrm{m^3/min}$；

D——侧板内径，m；

p_a——风压，Pa；

ρ——空气密度，$\rho \approx 1.293\mathrm{kg/m^3}$。

$$Q_a = \frac{V}{360} \tag{4-3}$$

式中 V——煤气柜的公称容积，m^3。

式4-2是依据泄漏缝隙0.5mm来考虑其泄漏量计算的，式4-3是考虑在一个班内（6小时）应当完成一次活塞全行程来考虑的。

例如对于3万 m^3 煤气柜：

$$Q_a = 0.056D\sqrt{\frac{2p_a}{\rho}} = 162m^3/min$$

$$Q_a = \frac{30000}{360} = 83m^3/min$$

Q_a 取 $162m^3/min$。

当煤气柜的公称容积较大时，设立两个检修风机的情况是有可能的。

4.7.2 检修风机配管

检修风机之后经送风管接至柜本体（或煤气出入口管），送风管之末端应设切断阀门。在检修风机与切断阀门之间应有泄气口，在泄气口处设放风调节阀，用来调节进入气柜的风量。

当活塞降下试验进行时，气柜内部的空气就经由送风管的泄气口排出，此时活塞下降速度仍相当缓慢时，还可以进一步地打开煤气吹扫放散管来增大泄漏面积。进行活塞降下试验时要控速，活塞的允许升降速度的上限为3m/min。当然，在一般情况下是达不到该值的，但也需测算一下做到心中有数。

当对底板的焊缝进行真空试验检查时，则需改变送风管，将送风管改为吸风管并改接至检修风机的吸风口。真空试验时的柜内真空度抽成-300~-400Pa即可。对于真空试验的真空度应严格控制，真空度不能太高，真空度太高了意味着活塞屋顶承受的外压增大，这对活塞的结构是很不利的。这是因为在通常的操作工况下，活塞承受的是内压力的作用。在做真空试验时，可以打开吹扫放散管作为吸风口用。

4.8　侧板附件

4.8.1　活动侧板

活动侧板的用途是搬入调整煤气压力和活塞倾斜用的混凝土块及搬出施工机具（如鸟形钩等），活动侧板下端的高度应高于活塞环梁的顶面。活动侧板与 T 型钢侧板加强筋和 H 型钢立柱的连接采用 M12 的平头螺栓（皿螺栓）连接，其接触面间衬以帆布垫。活动侧板用平头螺栓连接完后，煤气柜内侧的突出部分要用砂轮机磨平。

4.8.2　底部油沟检查人孔

人孔的内直径为 600mm，该人孔为一般的人孔（不要求嵌入式，即不要求人孔盖板内表面与侧板内表面一平），在侧板四周配置的个数为 2 ~4 个（柜容积较小时可用 2 个），人孔中心高出底部油沟极限最高油面 400mm，对着该人孔的底部油沟上均设有人行过桥（不设栏杆）。

4.8.3　活塞检查人孔

人孔的内直径为 600mm，该人孔为嵌入式人孔（即要求人孔盖的内表面要与侧板内表面一平，微小的不平处要求用砂轮机打磨），在侧板四周配置的个数为 2 ~4 个（柜容积较小时可用 2 个），人孔中心高出活塞着陆时活塞环梁顶面 700 ~ 1000mm。对于该平面上的每个人孔，柜外有梯子、平台，柜内有自活塞环梁顶悬伸出的平台承接（免得人跌入活塞油沟内）。该层人孔的中心应定位在密封装置两个相邻的压紧杠杆之间。

4.8.4　密封填料检查孔

检查孔的内直径为 300mm，为嵌入式检查孔，在侧板四周配置个数为 2 ~4 个，检查孔中心对准低于活塞着陆时密封橡胶填料下底面以下的 25mm 处（即检查孔的上沿处于上段两密封橡胶块的中间位置，以免打开密封填料检查孔时活塞油沟内的密封油流出）。

4.8.5 预备油箱油流窥视孔

窥视孔的内直径为350mm，为一般的回转盖式的窥视孔，配置在每个预备油箱的旁边，窥视孔中心距预备油箱回廊走台面的高度为1.4m。

4.8.6 煤气紧急放散管

当活塞上升到全行程的100%时，再往上升，煤气紧急放散的接出口便会处于密封橡胶填料的下方，活塞下部的煤气便会经由侧板上的煤气紧急放散的接出口进入连接箱后通过放散管进行煤气的排放。放散管的排放口高出屋顶回廊4m并带有防雨罩，连接箱的底板有坡度坡向侧板，连接箱的侧面有检查孔并且有供检查人员站立的平台。紧急煤气放散管通过有预备油箱的那层回廊时设固定支座，其他各处设滑动支座。侧板上煤气紧急放散的接出口有许多ϕ40mm孔呈错列分布，接出口的总流通面积应当接近于放散管管口的截面积。侧板上的接出口采用孔群的形式可以防止密封橡胶填料嵌入孔内。每个ϕ40mm的孔周边在煤气柜侧板的内侧均需倒圆，以防止割破密封橡胶填料。

4.8.7 吹扫放散管

吹扫放散管在侧板上的接管高度低于活塞着陆时活塞环梁底的高度和高于底部油沟的极限油位高度。在吹扫放散管的水平管段上，在靠近侧板处设盲板，而后设取样短管、手动闸阀。吹扫放散管的末端高度应高于第一回廊面4m，吹扫放散管的末端放出口应设防雨罩（或将出口弯管往下弯）。在放散管垂直管段上，自水平管段接管处以下部分应有内隔板分割（内隔板全周焊接），在内隔板以上并靠近内隔板处设排水短管。

只在一根吹扫放散管（距煤气出入口管最远端处）的手动闸阀处用一个电动闸阀（防爆型）来替换即可，该电动闸阀在防止活塞下部空间形成负压的保安连锁上可以发挥作用，当活塞着陆时，活塞下部空间的死容积受外部大气温度下降的影响可以形成-3400Pa的负压，活塞的结构承受不了这么大的外压荷载就会导致活塞屋顶的瘪塌事故出现。要防止这类恶性事故的出现，就要避免活塞下部空间形成负压。为此，可以建立这样一个保安连锁，即活塞一旦降落达到着陆状态，就可以打开往煤气柜充氮气的电动阀门，并同时打开具有电动闸阀的一根吹扫放散管，往活塞下部空间充压并与外面的大气相连通。为了减少充压氮气的消耗量，可以关小吹扫放散管中电动闸阀的开度。这一措施是防煤气柜的活塞发生负压瘪塌的有效屏障。

5 密封油循环系统

5.1 密封油的选择

密封油的适用规格见表 5-1。

表 5-1 密封油的适用规格

序号	项目	新油规格	使用界限值
1	黏度(50℃)/$mm^2 \cdot s^{-1}$	35~50	12~52
2	比重(15℃/4℃)	0.89~0.92	0.92 以下
3	含有水分	0%	微少
4	水分离性能	残留水分 5% 以下	残留水分 10% 以下
5	凝固点	低于使用当地的极端最低温度	低于使用当地的极端最低温度
6	闪点	180℃以上	密闭 40℃以上 开放 60℃以上
7	反应	中性	中性

鉴于我国地域辽阔，南方地区的密封油黏度值可以选高一点，北方地区的密封油黏度值可以选低一点。但无论黏度如何选值，密封油的凝固点却应低于使用当地的极端最低温度。由于油水的分离是靠密度差来分离，当然选用下限值要比较合适。

从密封油的选用来看，进口油是美国埃索石油公司生产的 53 号的可瑞油比较合适。国产油的选择范围要广一些，例如昆钢的煤气柜是选用 68 号和 100 号机床液压油调配的，济钢的煤气柜是选用附近炼油厂生产的干式柜专用密封油，大连煤气公司使用过 H_2-44 车轴油，鞍山地区有推荐过使用 30 号冷冻机油的。从安全性来看，密封油的闪点越高就越安全，能适用于煤气柜密封油的油品达到 180℃以上的闪点是不难的。

密封油的新油购入时，以表 5-1 的新油规格实行。密封油以一贯地使用同一牌号和规格为原则。如果混合牌号不同的油时，在每一种油满足新油规格的同时，混合油也同样地必须满足新油规格。对表 5-1 中的各项目试验，除了水分离性能之外按各有关标准执行。

水分离性能试验按下面的步骤进行：

（1）在吉尔逊漏斗（参见图 5-1）中选取密封油（样品油）70mL，在其中加 50mL 水（纯水或蒸馏水），充分地振荡搅拌 2 分钟，然后静置 1 小时。

（2）接着从吉尔逊漏斗的油层部分（上层）用吸管选取 25mL，用蒸馏法（二甲苯法）定量分析油内残留水分。

（3）用吸管选取样品时，不能过分地将吸管下伸，要注意不把下层分离的水吸上来。

（4）用同样的方法，用 70mL 的密封油和加入 30mL 水来试验。

（5）两个试验的结果，油内的残留水分都应在规定值（5%）以内。

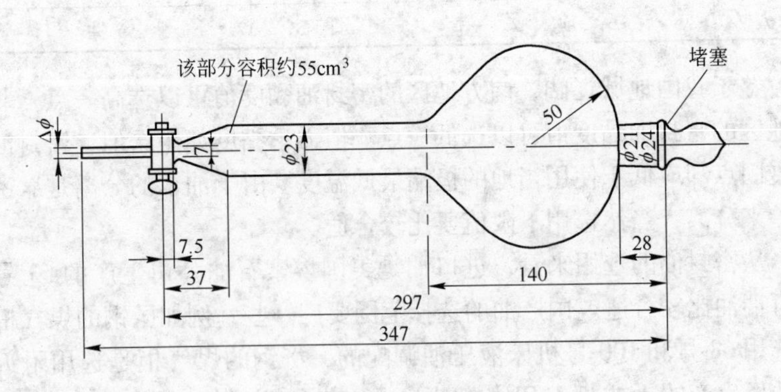

图 5-1　吉尔逊漏斗

密封油定期试验，原则上每一个月从油泵站的浮子室和活塞油沟内取样（取样后应立即密闭），进行对表 5-1 中的各项目试验。

密封油加热的审查和加热效果的调查，宜进行临时试验。在试验时，超过表5-1中的使用界限值即使是1项，而且即使进行加热也恢复不到使用界限值以内时，或者油泵驱动累计时间超过1日1台5小时的情况出现时，就要进行密封油的转换，以调整到使用界限值以内和使每台油泵每日累计的驱动时间达到5小时以内。另外，即使在使用界限值以内，但由于密封油受到乳化或者由于尘埃等的混入，使密封油显著劣化且不能使用时，也应进行更换。

假使由于油飞散或与排水一起丢失而减少时，应把适宜的新油补给到油泵站的浮子室中。补充的油量应经过检测确定，油泵的运转补油次数应该与补充的油量相适应。在保持活塞油沟的规定油位高度的前提下，当底部油沟的油面低于规定油面高度60mm时，即需往油泵站的浮子室中补充新油。

当密封油的比重在0.89以下时，就需补充密封油使其比重达到0.89。

5.2 密封油循环系统简介

密封油循环系统如图5-2所示，底部油沟—油泵站—油上升管—预备油箱—活塞油沟构成了密封油的循环系统。密封油自煤气柜内部的底部油沟流入煤气柜外部的油泵站，密封油在油泵站内经过油水分离，脱掉在煤气柜内流经活塞上部空间时溶入的空气中的冷凝水和在流经活塞下部空间时溶入的煤气中的冷凝水后，泵至油上升管再至预备油箱，从预备油箱的溢流孔流入柜内沿侧板内壁流下再流入活塞油沟内，在活塞油沟内靠有一定油位高度的密封油的静压和靠密封装置内橡胶填料对侧板的压紧作用而将活塞下部空间的煤气密封住，同时借密封装置的作用也减少了活塞油沟内沿侧板内壁的油流下量，沿侧板内壁流下的密封油汇集在底部油沟内，并经连接管接至柜外的油泵站。底部油沟的油位高度是靠油泵站控制的，在循环密封油总量一定的前提下，控制了底部油沟的油位，就等于控制了活塞油沟的油位，从而稳定地维持着活塞周边对煤气的密封作用。

底部油沟的油位变动范围应控制在±10mm的范围内，于是活塞油沟的油位变动范围计算如下：

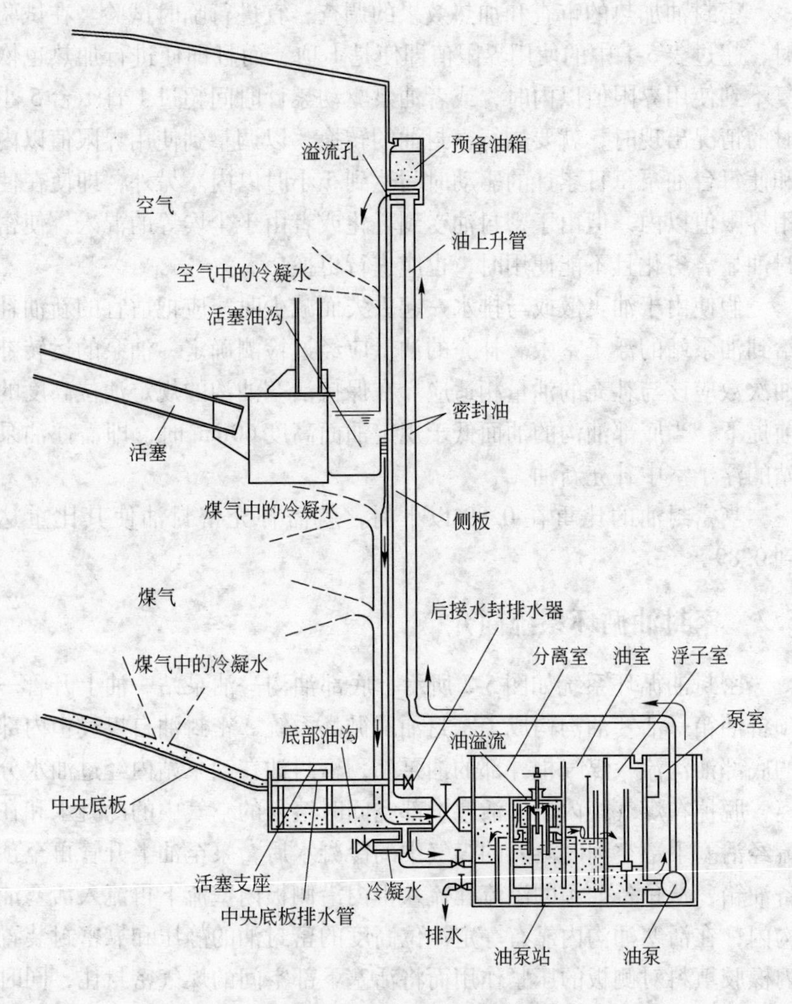

图 5-2　密封油循环系统

$$\Delta h_{\mathrm{P}} = \frac{A_{\mathrm{B}}}{A_{\mathrm{P}}}\Delta h_{\mathrm{B}} \tag{5-1}$$

式中　Δh_{P}——活塞油沟内油位变动范围（±），mm；

A_{B}——底部油沟的投影面积，m^2；

A_{P}——活塞油沟的投影面积，m^2；

Δh_B——底部油沟内油位变动范围（±），mm。

当底部油沟按圆环形设计时，式5-1可近似地改用下式；

$$\Delta h_P = \frac{b_B(D - b_B)}{0.6(D - 0.6)} \times 10 \quad (5\text{-}2)$$

式中 b_B——底部油沟的宽度，m；

0.6——活塞油沟的宽度，m；

D——煤气柜的侧板内径，m。

例如，对于3万m^3煤气柜（$D = 30.3m$），$b_B = 1.6m$，$\Delta h_P = \pm25.8mm$。对于10万m^3煤气柜（$D = 46.9m$），$b_B = 2.1m$，$\Delta h_P = 33.9mm$。

对于曼型煤气柜来说，其Δh_P的值完全可以控制在±35mm以内。但对于KMW型煤气柜，随着煤气压力p值的进一步增大，Δh_P值就有可能超过±35mm。这是因为随着p值的增大，h值（活塞油沟的油位高度）也随着加高，W_o值（活塞油沟的油量）必将增大，从而导致b_B值（底部油沟的宽度）增加，Δh_P值就有可能突破±35 mm，但这并没什么影响，只要活塞油沟的油位高度考虑这一因素就行了。

5.3 油泵站

油泵站由煤气柜的底部油沟导入密封油，具有分离水和传输密封油的功能，用泵使密封油通过油上升管送至煤气柜侧板上部的预备油箱内。泵依靠浮子开关自动运转，各油泵站内均设有经常用和紧急用的两台泵。油泵站的基础离开柜本体约2m，并与柜本体的基础连接成一个整体，以使油泵站与柜本体一起沉降，确定了连接油泵站与侧板的油流入管中心的标高也就确定了油泵站基础面的标高。油泵站的煤气工作压力设计值必须大于或等于煤气柜的储存煤气压力实际值，以使油泵站的油封高度与水封高度处于安全的界限以内。目前国内的煤气柜与油泵站均很多，当选用油泵站时必须检查一下它与煤气柜在煤气压力上是否匹配以及泵的扬程能否达到预备油箱顶面的高度。

5.3.1　油泵站内部各室的简介

油泵站的结构示意图见图5-3和图5-4。油泵站内部各室的简介如下：

(1) 油流入室（Ⅰa)。由底部油沟来的油水混合液流入该室，该室有煤气压力的作用。油水混合液依靠密度差在该室浮沉、分层，油浮于上部及水沉于下部。

(2) 分离室（Ⅰb)。分离室是由Ⅰa中分离的油和水分别流入的隔室，该室有煤气压力的作用。该室中设有油位调节装置，用于调节油流入室的油面高低。由于油流入室的油面与底部油沟的油面为同一个水平面，所以调节油流入室的油面高低，就等同于调节了底部油沟的油面高低。油位调节装置的另一功能就是实现油水的分送，将油流入室下部的水经由油位调节装置的内套管送入水室（Ⅰc)，将油流入室上部的油溢入油位调节装置的外套管而沉积在分离室（Ⅰb)

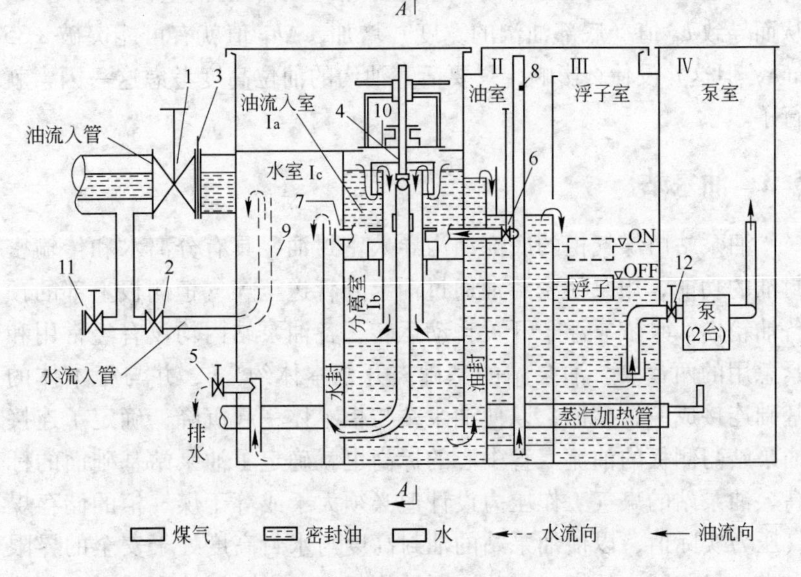

图5-3　油泵站结构示意图Ⅰ

1—主切断阀；2，11，12—切断阀；3—截流板；4—油位调节装置；5—排水旋塞；6—排水阀；7，8—排水管；9—水溢流管；10—填料

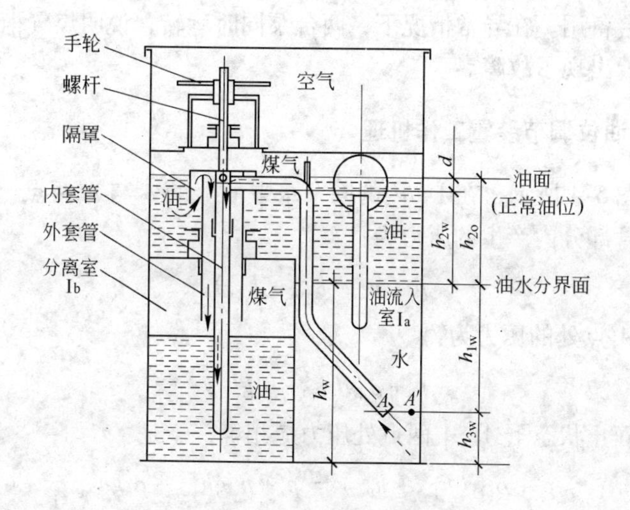

图 5-4 油泵站结构示意图Ⅱ
(A—A 断面)

的下部后再送至油室（Ⅱ）。

(3) 水室（Ⅰc）。水室是由油流入室（Ⅰa）和油室（Ⅱ）来的水流入的隔室。由Ⅰa来的水要经过水封流入该室，靠有效的水封高度来封住Ⅰa中的煤气。水封的有效高度为柜内最高压力（柜内储气压力的正向波动值）加5000Pa。可以说，油泵站的箱体高度是依据水室内的水封高度来确定的，煤气压力不同箱体高度也不同。衡量一个油泵站能否适用，就要检查它的水室内有效水封高度是否够用。

(4) 油室（Ⅱ）。油室是由Ⅰb来的油流入的隔室。由Ⅰb来的油经过油封，油封的有效高度为相当于柜内最高压力加5000Pa的油柱高度。该室也进行油水的分离，分离出的水经过水封管后导入Ⅰc，水封管内的有效水封高度应维持油室下部有一定的水位高度，以防止油类窜入水室。

(5) 浮子室（Ⅲ）。浮子室是由Ⅱ室来的油流入的隔室，有送出油位高度信号的浮子漂浮。

(6) 泵室（Ⅳ）。泵室是容纳泵、配管的隔室，吸入从Ⅲ室来的油，送到油上升管中。泵室内有两台油泵，在正常情况下，一台工作，一台备用。在异常情况下，两台泵同时运转，说明煤气柜的活塞密封装置出现了故障。

5.3.2　油位调节装置工作机理

如图5-4所示，在Ⅰa内的同一水平面上的A与A'两点，A点以上在斜管部分内产生的压力为：

$$p + \rho_w g(h_{1w} + h_{2w})$$

在A'点处的压力为：

$$p + \rho_w g h_{1w} + \rho_o g h_{2o}$$

在静止状态下A、A'两点处压力应相等，于是：

$$p + \rho_w g(h_{1w} + h_{2w}) = p + \rho_w g h_{1w} + \rho_o g h_{2o} \tag{5-3}$$

式中　p——煤气压力，Pa；

ρ_w——水的密度，$\rho_w = 1000\text{kg/m}^3$；

g——9.81m/s^2；

h_{1w}——A及A'点以上的水位高，m；

h_{2w}——油水分界面以上排水管内的水位高，m；

h_{2o}——油水分界面以上排水管外的油位高，m；

ρ_o——油的密度（假定此处取900kg/m^3）。

整理式5-3后得：

$$\rho_w g h_{2w} = \rho_o g h_{2o}$$

即：

$$h_{2w} = 0.9h_{2o} \tag{5-4}$$

已知：

$$h_{2o} - h_{2w} = d \tag{5-5}$$

式中　d——排水管内径，m。

将式5-4代入式5-5后得：

$$\begin{cases} h_{2o} = 10d \\ h_{2w} = 9d \end{cases} \tag{5-6}$$

即油流入室的油层高度为一定值，其值为油位调节装置排水管内直径的10倍。当水层高度h_{1w}增加时，则$p'_A > p_A$（p_A为A点压力，

p'_A为A'点压力），于是水流从A点流向A点，待将超过h_{1w}高度的超量的水排出后，就又恢复到静态平衡（此时$p'_A=p_A$），即h_{1w}也为定值。

$$h_w = h_{1w} + h_{3w} \tag{5-7}$$

式中 h_{3w}——A点至油泵站底板的高度，m。

在正常油位时，h_{3w}一定，故h_w也一定。在煤气柜投产前需要往油泵站的油流入室内预先注水就是这个道理，注水高度即为h_w，并在油流入室内设溢流管，将超出h_w高度的水排掉。

当通过油位调节装置调节油位高度时，譬如调节后的油位高度增加了Δh时（此时h_{2o}及h_{1w}不变，仅h_{3w}需增加Δh），那就意味着油流入室的水层高度增加Δh，这部分水从哪里来，那就要靠积攒了，积攒水要有个过程。油流入室增加Δh的油位高度，底部油沟也要增加Δh的油位高度，底部油沟的投影面积是相当大的，要补充这部分的油量就相当大，需等待活塞油沟里的油等量的流下来，因此这种调节的滞后时间就长一些。反之，当通过油位调节装置降低油位高度Δh时，h_{3w}则减少Δh，减少的那部分水量通过油位调节装置的内套管排出，而减少相当于Δh高度的底部油沟的那部分油量并通过油泵转送至活塞油沟内，也需要一定的滞后时间。由于油泵的运转量比活塞油沟的淌下量要大，特别是几个油泵站同时调节时，所以这个调节的滞后时间比前一种调节就要短得多，实践中这后一种调节的机会相当多。

可以这样来归纳油位调节装置的特性，即它只能改变油流入室内油位的高度而不改变油流入室内油层的高度。调节油流入室的油位高度，就等于调节煤气柜底部油沟的油位高度，从而会影响活塞油沟的油位高度，这种调节具有滞后性。

底部油沟的油位要求控制在正常油位（油层高度为120mm）的±60mm的范围内。如果超过+60mm时，需将超出的油量排放。若不足-60mm时，则需将油补入浮子室中。油位调节装置的调节范围为±90mm，完全能满足对底部油沟油位±60mm的控制。

5.3.3 油泵的参数与运转控制

油泵的参数如下：

型式　齿轮油泵
容量　30L/min（最大）
吸入管径　ϕ40mm
出口管径　ϕ40mm
排出压力　>（0.20+0.0092H）MPa（H为侧板高度，m）
吸入压力　-0.0015MPa
总压力　>(0.2015+0.0092H)MPa
输送油的种类　煤气柜油
黏度　12~1300mm^2/s
温度　-15~+50℃
电机规格　耐压防爆、全封闭外扇形
额定规格　连续
电源参数　AC 380V、50Hz
绝缘　E级
转数　1000r/min

油泵的运转控制图见图5-5。在浮子室中的密封油，油位上升浮子就升起，当油位升到上限高度H时，工作油泵就通过浮子开关启动。相反地，油位下降浮子就下降，当油位降到下限高度LL时，工作油泵就通过浮子开关停止。如果当工作油泵启动时，油位还继续上升，当油位升到紧急上限高度HH时，备用油泵就通过浮子开关启

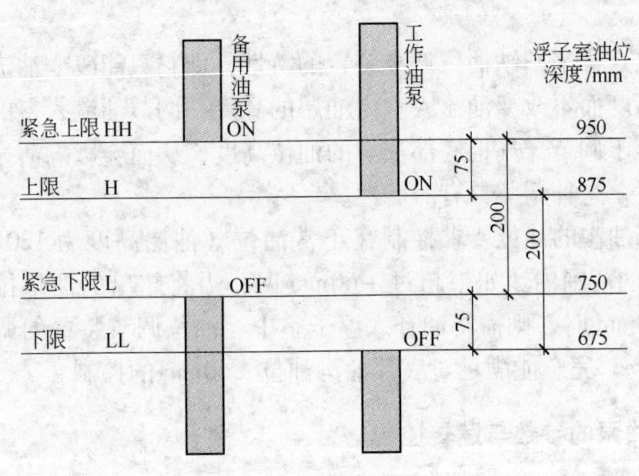

图5-5　油泵站的运转控制图

动，此时两台油泵处于同时工作的状态，这种情况的出现属于事故状态，说明活塞密封装置某处破坏，同时密封油会离开沿侧板内表面淌下而飞溅到活塞板上，应做出判断是否停止煤气柜的运行。当油位下降到紧急下限 L 时，备用油泵就通过浮子开关停止。在异常运转时，两台泵的工作范围不同，工作油泵的工作范围为 675～950mm 共 275mm，备用油泵的工作范围为 750～950mm 共 200mm。

油泵的排出量希望调节到26L/min 左右，这可以从排出管与吸入管之间的旁路上的针形阀来调节。当油不从底部油沟流入时，26 L/min的油泵排出量相当于浮子室的油位下降量为Δh(mm/min)：

$$\Delta h = \frac{26}{A_F} \tag{5-8}$$

式中　A_F——浮子室的横截面，m^2。

例如，测定油泵的排出量时，在测定时间内应关闭泵站前的来自底部油沟的油流入管和水流入管，当浮子室的横截面为 1.0m × 0.65m 时，浮子室的油位每分钟下降 40mm 时，相当于油泵排出量为 26L/min。当油泵的排出量超过 26L/min 时，密封油沿着侧板内壁的流淌将不甚理想，有向活塞上飞溅的可能。

在油泵的排出量为 26L/min，浮子室的横截面为 1.0 × 0.65m^2 时，工作油泵每次运行的时间为：$t = \frac{200}{40} = 5\text{min}$。

每台油泵每天允许驱动的累计时间为 5 小时,这是在极端恶劣的条件下(例如温度高、黏度很低)发生的,一般情况下是达不到的,若运行中超出该界限值,则应考虑对密封油的更换。也可以说,每台油泵每天允许驱动的累计次数为 60 次(油泵每次运行的时间按 5 分钟考虑)。

5.3.4　油泵站的设计考虑

油泵站的隔室多，各个隔室相互间的尺寸是否协调便成了进行油泵站设计时首先要考虑的问题，现分述如下。

(1) 确定水室的有效水封高度。

(2) 分离室的油层高度 500mm 较合适（在满足第（4）项条件下可做适当调整)。

（3）油室的最低油层高度不应低于975mm。

（4）油室的油封处溢出高度大于975mm。

（5）油流入室的正常油面高度与底部油沟的正常油面高度一致来定位油位调节装置，并留有上下各调整90mm的余地。

（6）泵室的吸入口应处于浮子室的下限油位（即LL = 675mm处）以下。

当煤气柜储气压力给定后，上述(1)~(6)项能得到满足，那么可以说这个油泵站是合适的。

5.3.5 油泵排出压力计算示例

假定条件如下：

（1）两台油泵同时运转，每台油泵的排出量为26L/min。

（2）密封油的温度按+5℃，相当于该温度下的运动黏度取1100mm/s^2。

管路附件当量长度（L_d）统计如下：

DN20	90°弯头1个	$L_{d20}=0.4m\times1=0.4m$	
DN50	90°弯头4个	$1.0\times4=4m$	$L_{d50}=15m$
	闸阀2个	$0.35\times2=0.7m$	
	底阀、止回阀各1个	$4.0\times2=8m$	
	入口处收缩1处	$0.8\times1=0.8m$	
	收缩管1个	$0.6\times1=0.6m$	
	扩胀管1个	$0.9\times1=0.9m$	
DN80	截止阀1个	$L_{d80}=25m$	
DN100	90°弯头4个	$L_{d100}=2\times4=8m$	

管路长度统计如下：

DN20 $L_{20}=0.2m$

DN50 $L_{50}=3.1m$

DN80 $L_{80}=0.8m$

DN100 $L_{100}=78.7m$（相当于12万m^3 M.A.N型煤气柜）

管道内截面积如下：

DN20 $A_{20}=0.785\times0.018^2=0.00025m^2$

DN50 $A_{50}=0.785\times0.05^2=0.00196\text{m}^2$

DN80 $A_{80}=0.785\times0.068^2=0.0036\text{m}^2$

DN100 $A_{100}=0.785\times0.1^2=0.00785\text{m}^2$

管内流速如下：

DN20 $$v_{20}=\frac{26}{60\times1000\times0.00025}=1.73\text{m/s}$$

DN50 $$v_{50}=\frac{26}{60\times1000\times0.00196}=0.22\text{m/s}$$

DN80 $$v_{80}=\frac{26\times2}{60\times1000\times0.0036}=0.24\text{m/s}$$

DN100 $$v_{100}=\frac{26\times2}{60\times1000\times0.00785}=0.11\text{m/s}$$

雷诺数如下：

DN20 $$Re_{20}=\frac{0.018\times1.73}{11\times10^{-4}}=28.3$$

DN50 $$Re_{50}=\frac{0.05\times0.22}{11\times10^{-4}}=10$$

DN80 $$Re_{80}=\frac{0.068\times0.24}{11\times10^{-4}}=14.8$$

DN100 $$Re_{100}=\frac{0.1\times0.11}{11\times10^{-4}}=10$$

摩擦系数如下：

DN20 $$\lambda_{20}=\frac{64}{28.3}=2.3$$

DN50 $$\lambda_{50}=\frac{64}{10}=6.4$$

DN80 $$\lambda_{80}=\frac{64}{14.8}=4.3$$

DN100 $$\lambda_{100}=\frac{64}{10}=6.4$$

管道阻力损失$\left(\Delta H_i=\lambda_i\frac{(L_{\text{d}i}+L_i)}{D_i}\frac{v_i^2}{2g}\right)$如下：

DN20 $$\Delta H_{20}=2.3\times\frac{0.4+0.2}{0.018}\times\frac{1.73^2}{2\times9.81}=11.8\text{m 油柱}$$

DN50　　$\Delta H_{50}=6.4\times\frac{15+3.1}{0.05}\times\frac{0.22^2}{2\times 9.81}=5.8\text{m}$ 油柱

DN80　　$\Delta H_{80}=4.3\times\frac{25+0.8}{0.068}\times\frac{0.24^2}{2\times 9.81}=4.7\text{m}$ 油柱

DN100　　$\Delta H_{100}=6.4\times\frac{8+78.7}{0.1}\times\frac{0.11^2}{2\times 9.81}=3.5\text{m}$ 油柱

12 万 m³ M. A. N 型煤气柜侧板高度假定为 $H=86\text{m}$，在下面的计算中我们引入 H 值（侧板高度）来计算油泵的排出压力就会感到更加便捷（油柱的静压高度我们采用 H 值，这里给出了些许富裕量，这个富裕量约为油泵排出压力的 5%）。

油泵的计算排出压力 p(MPa)：

$$\begin{aligned} p &= \Delta H_{20}+\Delta H_{50}+\Delta H_{80}+\Delta H_{100}+H \\ &=11.8+5.8+4.7+0.04\left(8+\frac{78.7}{86}H\right)+H \\ &=22.62+H(1+0.037) \\ &=22.62+1.037H \\ &=(22.62+1.037H)\times\frac{900}{10000\times 10.2} \\ &=0.20+0.0092H \end{aligned} \tag{5-9}$$

式中　H——侧板高度，m。

例如对于 12 万 m³ 的 M. A. N 型煤气柜，其侧板高度 $H=86\text{m}$，则油泵的排出计算压力为 $0.2+0.0092\times 86=1.0\text{MPa}$，实际选用时应略大于该值。在这个算例中，油泵的吸入及排出管径均为 $\phi 20\text{mm}$，无谓的阻损较大，改为 $\phi 40\text{mm}$ 的管径就比较合适。

5.3.6　油流入管与水流入管的连接

柜本体与油泵站间的油流入管与水流入管的连接，目前有两种方式。一种方式是由柜本体接出一个连接箱，然后在连接箱与油泵站之间用油流入管及水流入管接通。另一种方式是不要连接箱，油流入管直接从柜本体接至油泵站的侧面。后一种方式比较简捷一些，不过笔者认为后一种方式应这样改进一下，即在油流入管自柜本体接出后转弯 90°后接至油泵站的端部，设一个弯头便于管道的热胀冷缩，这个弯头的弯曲半径可以大一些，其示意图见图 5-6。

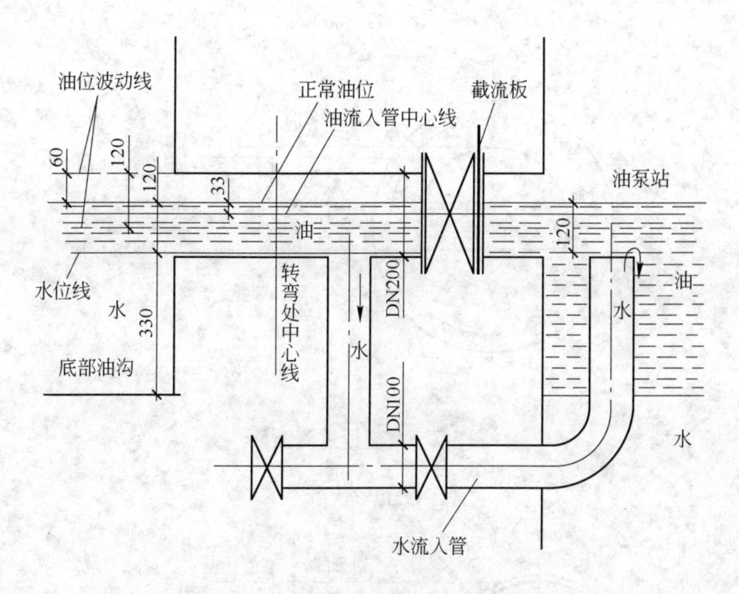

图 5-6 柜本体与油泵站的管路连接

油流入管的大小及在柜本体的开孔位置，要保证能做到三导，即导煤气、导油、导水。目前的油流入管通常选用 DN200 的管子，即选用 D219mm×6mm 的无缝钢管。水流入管通常选用 DN100 的管子，即选用 D108mm×4mm 的无缝钢管。阀门宜均选用闸阀，有利于流体的层流状态不受扰动。在靠近油泵站的 DN200 闸阀后面的一对连接法兰之间加一个截流板，截流板的作用是把水挡住并限定底部油沟的油位不低于油位波动的下限位置，让水经过水流入管流至油泵站，以使在底部油沟中分离开的油、水免受扰动，截流板的过流断面见图 5-7，油流入管三通处的过流断面见图 5-8。

从图 5-8 来看，当油位达波动上限时，导气的空间高度仅有 10.5mm。这个间隙太小了，当焦炉煤气中的萘析出或当高炉煤气中的灰尘粘在壁上，导气的空间就有被堵死的可能。另外，油水分界线高出水流入管的插入接管管顶仅有 1.5mm，这个间隙就更小了，难以避免水流入管中有油混入，而这将导致油水分离的恶化。对于水流入管从油流入管中接出的方式就是采用外接的接管方式，导水的空间

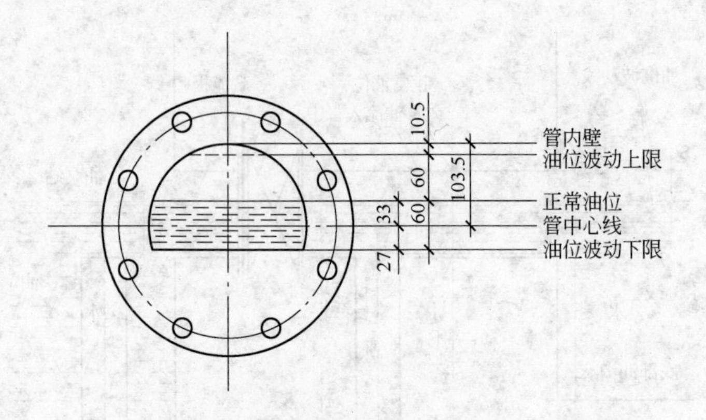

图 5-7 截流板过流断面

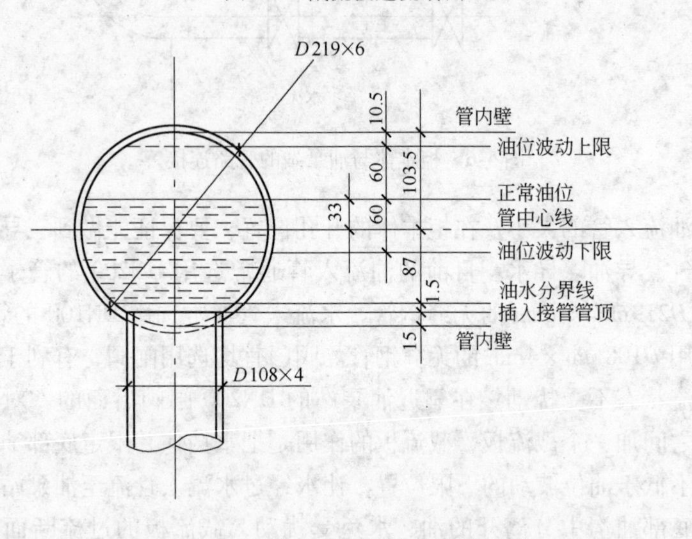

图 5-8 油流入管三通处的过流断面

高度也仅有 16.5mm。看来油流入管采用 DN200 的管子小了，改为 DN250 的管子就比较合适。图 5-6 的这种水流入油泵站的接管方式要好一些，一是当底部油沟进行水冲洗时不会干扰油泵站的油水分离操作，二是这种接管方式可以把紧挨油层的那部分水引入油泵站内，而这部分水中的含油量也稍大些，也需要在油泵站的油流入室内进行油水分离。

5.3.7 油泵站的功能

油泵站的功能包括：

（1）油水的分离。从空气或煤气中来的混入到密封油中的水，通过以下的途径进行油水分离。

在油流入室内按密度差沉积在该室下部的水，流入分离室中油位调节装置的内套管，再从水室的水封管溢出至水室。

进入油室内的少量的水沉积在油室底部，打开油室中排水管中的排水阀，经水平的排水管进入水室。

如果水沉积在浮子室底部时，可用手动泵排至油室中的排水竖管内，然后再经过油室排水管中的排水阀排至水室。

（2）油位的调节。设置在分离室的油位调节装置起着油流入室的堰的作用，用于调节底部油沟的油位，从而也就调节了活塞油沟的油位。超过底部油沟控制油位的那部分油量，会流入浮子室并使浮子室的油位上升，当油位升至浮子开关“ON”的位置就启动工作油泵，将油泵至煤气柜侧板上部的预备油箱内然后沿侧板内壁流至活塞油沟内。待浮子室的油位下降到“OFF”的位置就停止工作油泵。

（3）油的各种转输途径。泵室内的配管系统图见图 5-9；通

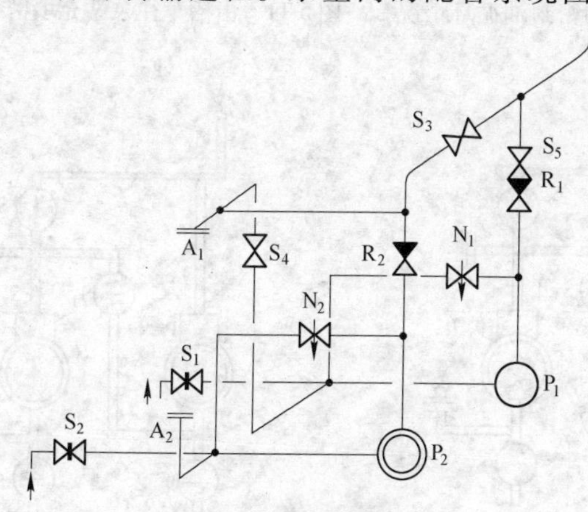

图 5-9 泵室配管系统图

S_1 ~ S_5—闸阀；A_1，A_2—法兰盖；N_1，N_2—针形阀；

P_1，P_2—泵；R_1，R_2—逆止阀

常的密封油的循环情况见图 5-10；由槽车往泵站充填密封油的情况见图 5-11；由油上升管或预备油箱往泵站转油的情况见图 5-12；由槽车往预备油箱充填密封油的情况见图 5-13；由油上升管或预备油箱往槽车转油的情况见图 5-14；由泵站往槽车转油的情况见图 5-15。

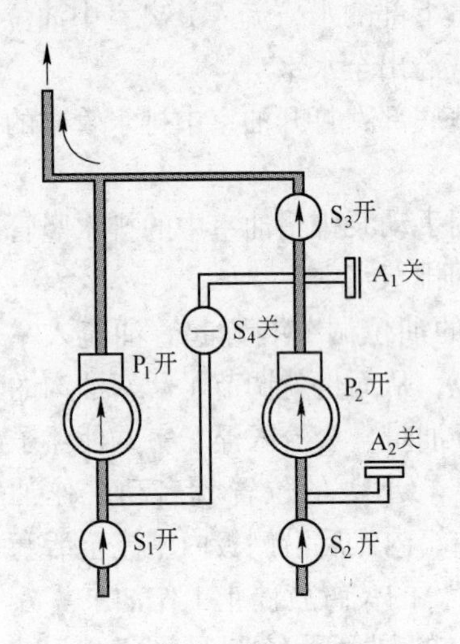

图 5-10 通常的密封油循环情况

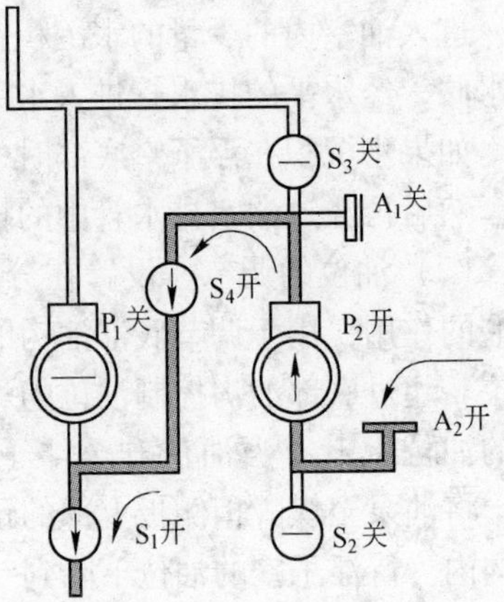

图 5-11 由槽车往泵站充填密封油的情况

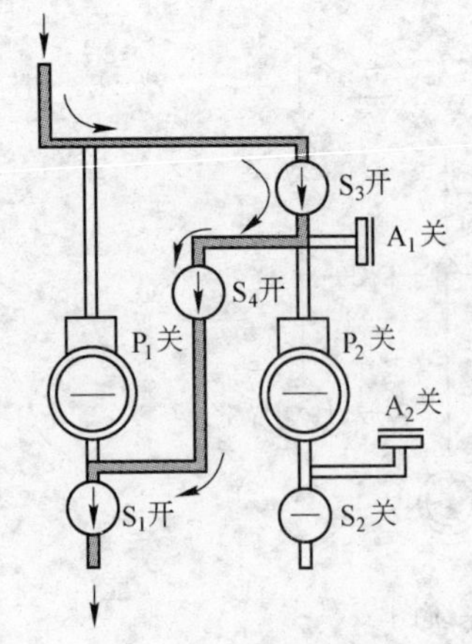

图 5-12 由油上升管或预备油箱往泵站转油的情况

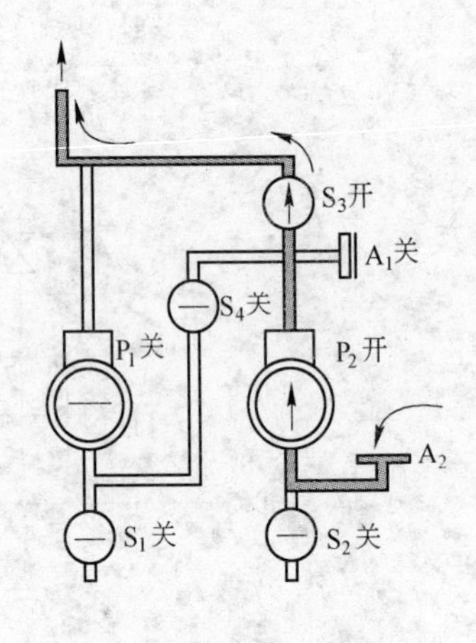

图 5-13 由槽车往预备油箱充填密封油的情况

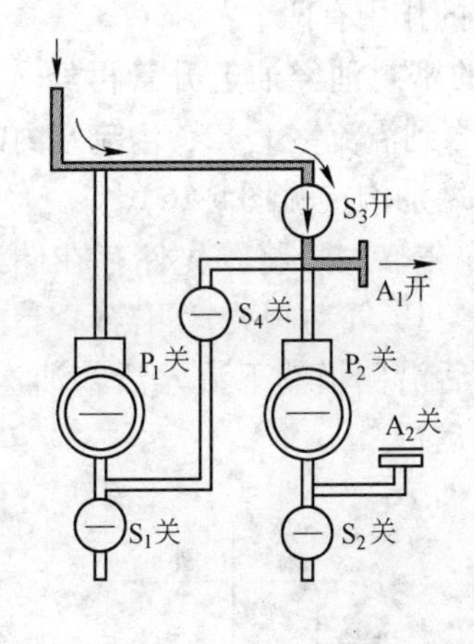

图 5-14 由油上升管或预备油箱往槽车转油的情况

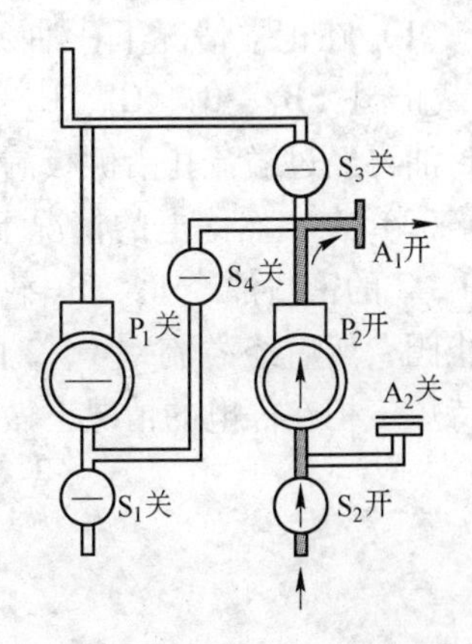

图 5-15 由泵站往槽车转油的情况

(4) 适于不同情况的油泵协同关系。通常情况下，每个油泵站的两台油泵处于一用一备状态，而且可以倒换互为备用。异常情况下，每个油泵站的两台油泵可以同时启动工作。

从以上情况来看，油泵站具有多功能的特性。

5.3.8 油泵站的防爆与防火

油泵站的安装地点处于火灾危险性防爆 1 区的场所，电力与控制应符合有关的防爆规程。油泵站的油室、浮子室、泵室及油流入室的顶层隔间均应设进排气装置保持空气的自然流通，以防止有害爆炸挥发气体的浓度聚积。在浮子室的上部空间还配有氮气管，当发现火灾情况时，打开氮气配管的阀门，往浮子室及油室上部空间充氮气来进行灭火。

5.4 预备油箱

5.4.1 预备油箱的设置和作用

预备油箱安装在煤气柜上部侧板外侧，它的数量与油泵站相同，即一个油泵站对应着一个预备油箱。它的作用有两个：

（1）在正常情况下，油泵站泵出的密封油经油上升管再经 A_1、A_2 截止阀（B_1、B_2、C_1、C_2 阀关）进入到溢流室 1、2，溢流室内的密封油再经过溢流孔沿侧板淌下流入活塞油沟（见图 5-16）。

（2）在突然停电的情况下，当油泵停转时，将预先储存在储油室 1、2 的密封油经 B_1、B_2 截止阀（C_1、C_2 气动阀关）再经 A_1、A_2 截止阀，然后经溢流室 1、2 的溢流孔后沿侧板淌下流入活塞油沟，维持煤气柜在停电的情况下做短时间的运行。

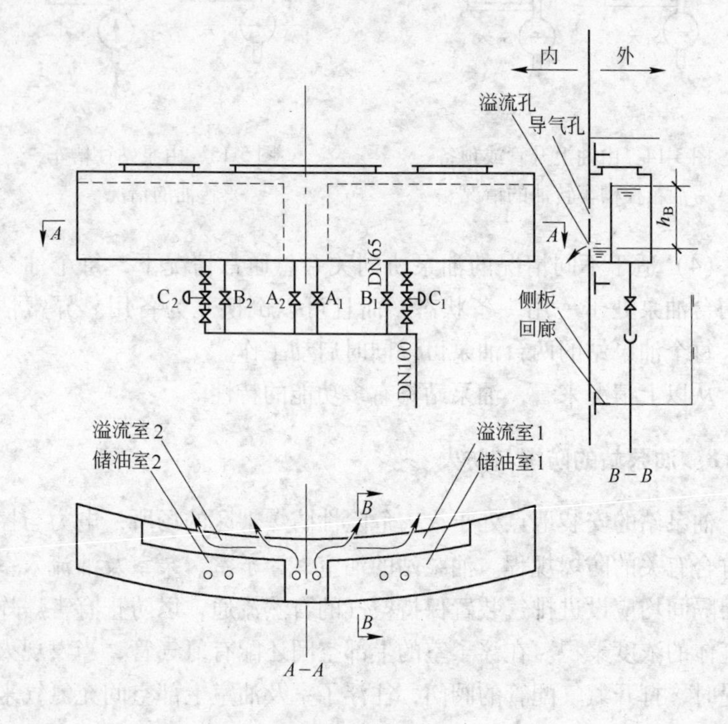

图 5-16　预备油箱

预备油箱利用了煤气柜的侧板做了它的一个侧面，在这个侧面上开有导气孔和溢流孔。导气孔的作用在于沟通预备油箱的上部空间与煤气柜的上部空间，有利于溢流孔处的过流状态连续稳定，也有利于减轻预备油箱的密封油中的轻馏分挥发气体的浓度积聚。

预备油箱附带有以下的附属设备：

(1) 箱底设有放油的丝堵。

(2) 箱顶有活动的检查盖板。

(3) 箱内有清除污物的铲子。

(4) 预备油箱外侧板有供箱顶检查人员站立的活动平台和防护栏杆。

5.4.2 突然停电时预备油箱的供油

当突然停电时，由于油泵站的油泵停止工作，从油上升管向预备油箱的供油就停止了。这时为维持煤气柜的继续运行，只有靠放出预先储存在储油室1、2中的油量来保持煤气柜活塞密封装置的正常工作。储油室可一个个地分别放油，当放出了一个储油室的油量后，如停电仍未恢复，可放出另一个储油室的油，估计停电还将继续时就要着手放散煤气降下活塞停止煤气柜的运行。储油室的油倒流入溢流室是依靠两室间的油位差来进行的，由于油泵站的油泵出口处均设有逆止阀，故预备油箱的储油室放出的油不会倒流入设置在地面上的油泵站内。

在突然停电的情况下，预备油箱储油室的供油途径在5.4.1节已做了叙述，这是过去在通常情况下仅有的一种方式，这种方式存在以下的难点：

(1) 突然停电的出现，煤气系统的应急操作原本就很忙，再加上此项登上几十米高的回廊上去操作，就更加重负不堪。

(2) 由于储油室往溢流室的放油速率在放油管路截面不变的情况下将随着储油室与溢流室间油位差的减少而减少。利用B_1、B_2阀门在看不见两室油位差的情况下保持一个合适且稳定的放油速率这将是很难的。

(3) 几个预备油箱同时或轮番放油操作，操作量的繁重是可想而知的。

基于以上存在的难点，我们不妨提出把此项操作遥控解决，并将遥控操作作为第一位的操作，而将原来沿用的那种手动操作加以保留并作为第二位的操作来备用。

实现预备油箱的遥控操作应解决以下的问题：

（1）对储油室的油位进行测量并在仪表室显示。

（2）如图5-16所示，设置C_1、C_2气动阀（DN50，C_1、C_2阀的前后设手动阀，做检修气动阀时切断用），将B_1、B_2阀（平常时关闭）作为旁路看待，操纵按钮分设于机侧与仪表室，机侧操作优先。

（3）具有气动源（氮气或压缩空气，0.2～0.4MPa）。

（4）仪表室具有不停电源装置。

这样一来，停电时即可在仪表室根据储油室的放油速率（相当于储油室的油位下降速率）来调整C_1或C_2阀的阀门开度（关闭B_1、B_2阀）。另外，也可对C_1或C_2阀进行间断开关操作。C_1、C_2阀选用DN50，意在减小储油室的放油速率（若C_1、C_2阀选用DN80或DN100，则在管路上需设缩径管缩至DN50）。增设C_1、C_2阀虽然增加了日常的维护工作量，但在停电时却能发挥出它的作用。

关于储油室的放油速率q（m^3/min）的计算：

$$q = \frac{nA_F h_F}{24 \times 60} \tag{5-10}$$

式中 n——某油泵站平均日启动油泵的次数；

A_F——油泵站浮子室的面积，m^2；

h_F——正常情况下浮子室油泵启动的上下极限差，h_F一般情况下为0.2m。

关于储油室的油位下降速率H_B（cm/min）的计算：

$$H_B = \frac{100q}{A_B} \tag{5-11}$$

式中 A_B——对应于某油泵站的预备油箱中一个储油室的面积，m^2。

由于各个油泵站的每日油泵启动次数不同（这与油泵站对应着的侧板变形情况有关，也与油泵站对应着的侧板接收日照的程度有关），所以与该油泵站对应着的预备油箱的储油室的油位下降速率也不同。

在停电的情况下预备油箱能维持煤气柜的运行时间t（h）的计算：

$$t = \frac{2A_B h_B}{n_{max} A_F h_F} \times 24 \qquad (5\text{-}12)$$

式中　n_{max}——各油泵站中平均日启动油泵次数上限值；

　　h_B——预备油箱储油室与溢流室的油位差（参见图5-16），m。

对于新型煤气柜来说，油泵站的每日启动次数将为曼型煤气柜的1/2。那么，停电时预备油箱能维持煤气柜的运行时间，新型煤气柜将为曼型煤气柜的2倍，约16个小时。

6　密封装置

6.1　密封橡胶填料

密封橡胶填料在密封装置中的所处部位见图 6-1 和图 6-2。密封橡胶填料的作用在于贴紧侧板并适应侧板的变形，从而减少密封油的漏下量。另外密封橡胶填料对煤气的通过有一定的阻尼作用，起着部分密封的作用，有利于减少活塞油沟中的油位高度（约可减少相当于 0.1 倍煤气压力的油位高度）。

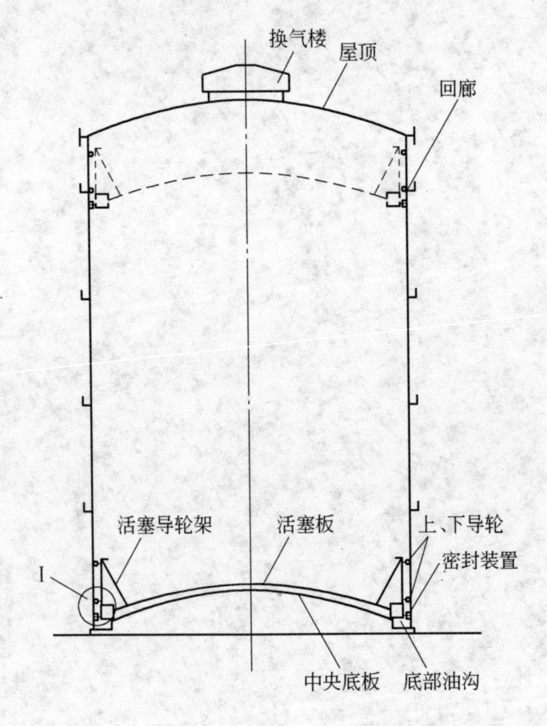

图 6-1　煤气柜内部结构图 I

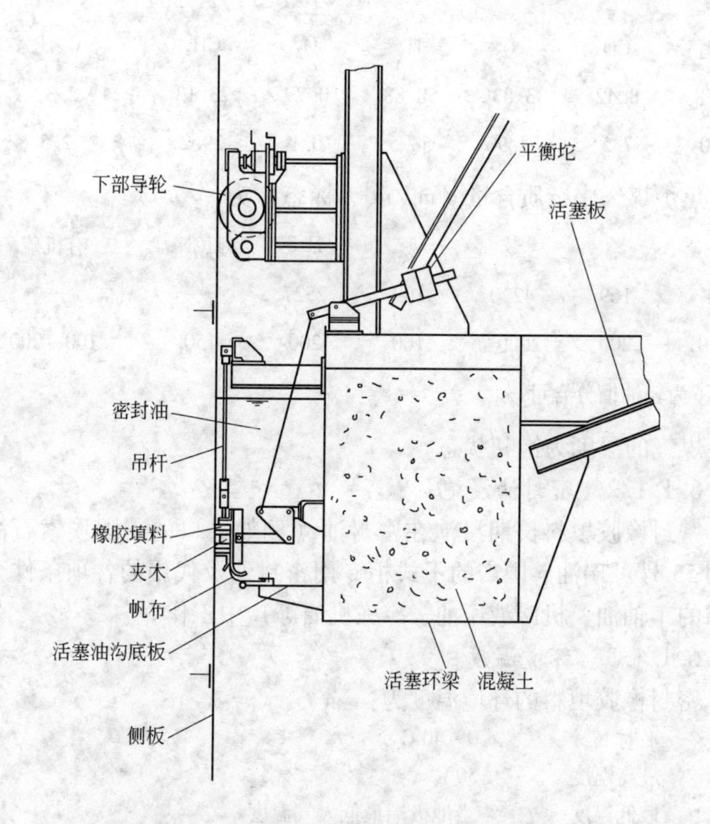

图6-2 煤气柜内部结构图Ⅱ（“Ⅰ”放大图）

6.1.1 密封橡胶填料的工作环境

6.1.1.1 接触煤气

密封橡胶填料接触煤气的种类为高炉煤气、焦炉煤气、城市煤气等。

高炉煤气各成分的体积百分含量如下（%）：

CO_2	CO	N_2	H_2	O_2	CH_4
14	28	56.5	0.5	0.8	0.2

高炉煤气的含尘量（标态）不大于10mg/m^3。

焦炉煤气各成分的体积百分含量如下（%）：

CO_2	CO	N_2	H_2	O_2	CH_4	C_mH_n
2.58	8.42	3.83	58.88	0.79	23.13	2.32
2.0	7.5	4.9	53.5	0.1	29.2	2.5

焦炉煤气中杂质含量（mg/m^3，标态）为：

焦油雾	萘	苯	氨	H_2S	HCN	有机硫
11	169	4220	109	2527	—	—
100	200	2000①	100	200	150	100～200

①为轻油馏分含量。

煤气的湿度为饱和状态。

6.1.1.2 密封油浸泡

密封橡胶填料长期浸泡在密封油（例如进口的美国埃索石油公司的53号可瑞油、国产的干式柜专用密封油及代用的各项条件合乎要求的车轴油、机床液压油、冷冻机油等）中工作。

6.1.1.3 环境温度

密封橡胶填料的环境温度为：

平时	0～40℃
最高温度	50℃
最低温度	当地极端最低大气温度

6.1.1.4 受力情况

密封橡胶填料的受力情况见图6-3。

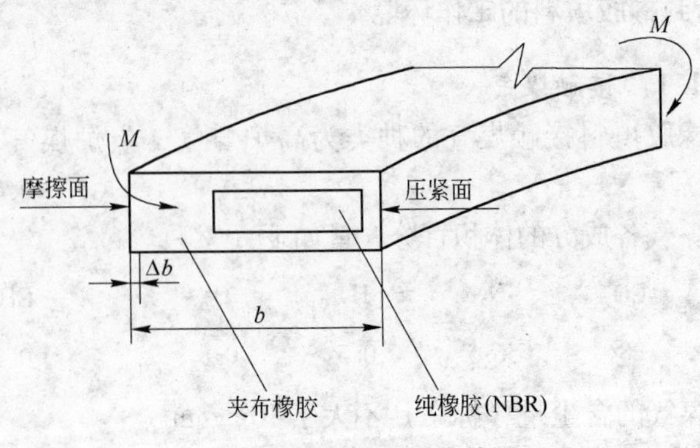

图6-3 橡胶填料受力简图

橡胶填料的内侧面为压紧面，压紧力约为40kgf/(m·根)。

橡胶填料的外侧面为摩擦面，摩擦体为钢板与橡胶填料，其间有密封油充当润滑剂，摩擦里程约为5000km。

橡胶填料的横向有弯曲力矩的作用，两弯曲支点间距约为200mm，支点中间的作用外力约为8kgf/根。

6.1.2 密封橡胶填料制品的性能

对密封橡胶填料制品的性能要求如下：

（1）耐煤气腐蚀。由于该橡胶填料部分地接触煤气，故要求耐煤气的腐蚀，突出的是耐硫化氢的腐蚀。

（2）耐油性。由于该橡胶填料长期浸泡在密封油中工作，故要求具有耐油的性能，突出的是当密封油中溶有少量的苯类有机物时，密封橡胶填料仍能保持其力学性能。

（3）耐磨损。由于该橡胶填料在摩擦面的一侧长期处于往复的滑动摩擦状态，在橡胶填料制品与壳体钢板之间有密封油作润滑剂，在这种情况下橡胶填料制品往复运动每1km的磨损量要求小于5×10^{-3}mm（压紧面的面压为0.016MPa）。

（4）伸长率。由于橡胶制品在摩擦面的接触体是圆筒形的钢壳体（壳体直径为25~70m），由于钢壳体在露天情况下受到日照的一面发生横向的膨胀，故紧贴钢壳体的橡胶填料制品也要求随同变形，因此橡胶填料制品在长度方向要反复伸缩。在这种情况下，橡胶填料制品在长度方向的经常往复伸长率要求不小于16%，拉断伸长率要求不小于150%。

（5）弯曲。横向（见图6-3）的弯曲强度不要求太高，以保持相当程度的柔软性能。当在长度方向支点间距为200mm时，中心弯曲挠度为8mm时，橡胶填料制品的最大弯曲强度要求小于0.7MPa，弯曲试验见图6-4。

（6）拉断强度。在密封油中浸泡30日后，该橡胶填料制品在长度方向的拉断强度应不低于10MPa。

（7）摩擦系数。橡胶填料制品在摩擦面处系与普通碳素钢板接触，在其间充油作润滑剂的情况下，其滑动摩擦系数要求小于0.3。

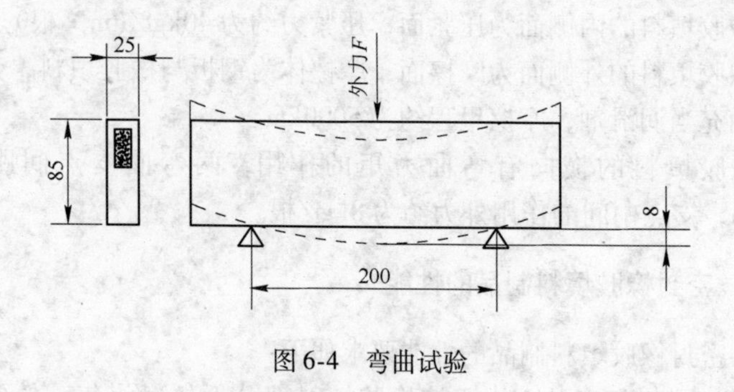

图 6-4 弯曲试验

对纯橡胶的性能要求如下：

抗拉强度	≥10MPa
扯断伸长率	≥400%
硬度	65 ±5（邵式）
老化系数	≥0.7（90℃ ×24h）
脆性温度	≤ −40℃
表面导电性	10^3 ~ 10^4 Ω · cm
耐油性能	≤15%（汽油 + 苯 = 3∶1，常温 ×24h，Δm%）

密封橡胶填料制品的加工过程见图 6-5，密封橡胶填料制品的断面见图 6-6。

综上所述，密封橡胶填料要求耐煤气的腐蚀，其中特别要求耐硫化氢的腐蚀。要求耐油性，能长期经受密封油（例如美国埃索石油

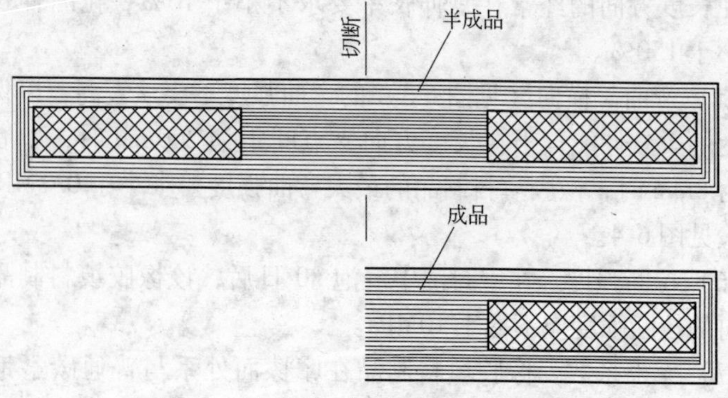

图 6-5 密封橡胶填料制品的加工过程

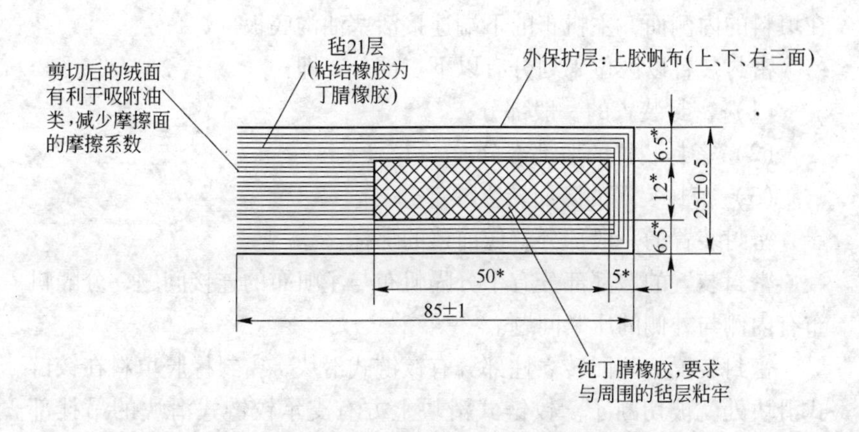

图 6-6　密封橡胶填料制品的断面
（有＊号的尺寸不作为检验尺寸）

公司的 53 号可瑞油、国产的干式柜专用密封油及代用的车轴油、机床液压油、冷冻机油等）的浸泡而不改变橡胶填料制品的物理性能，当密封油中溶有少量的苯类有机物时仍能保持其物理性能。要求具有耐磨性，每 1km 的摩损量要求小于 5×10^{-3} mm。拉断伸长率要求大于 150%。沿制品的宽度方向要求具有弯曲性能，弯曲强度要求小于 0.7MPa（弯曲试验见图 6-4）。拉断强度要求不低于 10MPa。摩擦面的一侧具有绒状，有利于吸附油类、减少摩擦系数（动摩擦系数要求小于 0.3）。断面结构要求符合图 6-6。

6.2　密封装置

密封装置的作用在于封住煤气使其不往外泄漏，保持良好的活塞滑动性能，减少密封油的漏下量。从煤气柜的持续运行年限来看，这要取决于密封装置的寿命。也就是说，煤气柜的一代大修期要取决于密封装置的寿命。因此，采用什么样的煤气密封装置对于煤气柜的性能及是否经久耐用就至关重要。

新型煤气柜的密封装置是以密封橡胶填料为核心来构成的。在填料的上方有支承填料的吊挂部分；在填料的内侧面有压紧部分；在填料的内侧下方为主帆布柔性连接部分，主帆布的上端被压紧部分压紧在填料的内侧面，主帆布的下端连接活塞油沟底板。

密封装置以区位来划分有以下三部分，即：

（1）密封装置的一般部分；

（2）密封装置的堰部部分；

（3）密封装置的防回转立柱部分。

密封装置的一般部分就像前述的那样。

密封装置的堰部部分有个分隔帆布与主帆布的连接问题，分隔帆布有内侧与外侧的压紧问题。

密封装置的防回转立柱部分有铰链式滑块，密封橡胶填料在铰链式滑块处就被切断了。铰链式滑块上方有支承铰链式滑块的吊挂部分；铰链式滑块内侧面有压紧部分；在铰链式滑块的内侧下方为主帆布柔性连接部分，主帆布的上端被压紧部分压紧在铰链式滑块的内侧面，主帆布的下端连接活塞油沟底板。

在活塞油沟内沉积在底部的水有专门的泄水阀泄水。泄水阀的开启在活塞油沟的上方进行，泄出的水通过挡水板滑落到煤气柜侧板的内侧面淌下，淌入底部油沟内。

活塞油沟内的密封油从密封橡胶填料与壳体侧板间的缝隙处溢下，淌入底部油沟内。

密封橡胶填料为二段四层式，二段间以夹木块隔开。四层中每层的填料接缝处相互错开。在二段间的夹木块中隔一定距离有个带导油孔的夹木块，导油孔通过连接活塞油沟的导油管将密封油导至二段密封填料的中间。

6.2.1 密封橡胶填料需要的压紧力

6.2.1.1 操作工况下需要的压紧力

操作工况下需要的压紧力 q 包括：

（1）橡胶填料由直线状态变为圆弧状态需要的压紧力 q_1。安装前半个圆周长度为 $\frac{\pi(D-0.1)}{2}$，安装后外圈半个圆周长度为 $\frac{\pi D}{2}$，外圈半个圆周的拉长率 ϕ 为：

$$\phi = \frac{D - (D - 0.1)}{D - 0.1} \times 100 \tag{6-1}$$

式中　D——侧板内直径，m；

0.1——橡胶填料吊挂中心距侧板内壁距离的2倍长度，m。

4根填料端部的拉力 F_1(kgf)为：

$$F_1 = 4\phi F_0 \tag{6-2}$$

式中　F_0——一根橡胶填料拉长1%时需要的拉力，kgf。

因此，橡胶填料由直线状态变为圆弧状态需要的压紧力 q_1（kgf/m）为：

$$q_1 = \frac{2F_1}{D} \tag{6-3}$$

（2）温度变化后需要的压紧力 q_2。

假如我们按冬季 -20℃时安装到夏季40℃时调试，这一时期橡胶填料相对于侧板每1m将伸长 ΔL：

$$\Delta L = (0.6 - 0.012) \times 60 = 35.3\text{mm}$$

式中　0.6——丁腈橡胶的线膨胀系数，6×10^{-4}℃$^{-1}$；

0.012——钢的线膨胀系数，12×10^{-6}℃$^{-1}$。

为了使橡胶填料的长度变化与侧板的横向长度变化相适应，橡胶填料需要每1m拉伸35.3mm，4根填料需要的拉伸力 F_2(kgf)为：

$$F_2 = 4 \times \frac{35.3}{1000} \times 100F_0 = 14.12F_0 \tag{6-4}$$

因此，温度变化后需要的压紧力 q_2(kgf/m)为：

$$q_2 = \frac{2F_2}{D} \tag{6-5}$$

（3）操作工况下密封油的油压抵消掉煤气压力后产生的压紧力 q_3(kgf/m)为：

$$q_3 = (\rho_o h_o - p) \times 0.305 \tag{6-6}$$

式中　h_o——从橡胶填料最下层的底部算起至活塞油沟油面的高度，m；

ρ_o——密封油的密度，kg/m^3；

p——储气压力，kgf/m^2；

0.305——储气压力的作用高度（参考图6-8），m。

（4）压紧杠杆上配重产生的压紧力 q_4 的计算。

压紧杠杆受力分析见图6-7。由图可知：

$$\frac{Gb\cos\theta_2}{a\sin(\theta_1 - \theta_2)} = \frac{fd}{c\sin\theta_1} \tag{6-7}$$

则：

$$f = \frac{Gb\cos\theta_2 c\sin\theta_1}{ad\sin(\theta_1 - \theta_2)} \tag{6-8}$$

式中　G——压紧杠杆配重的重力，kgf；

f——一根压紧杠杆的压紧力，kgf；

$a \sim d$——各铰点间距离，m；

θ_1，θ_2——杆件与水平面所成的夹角，(°)。

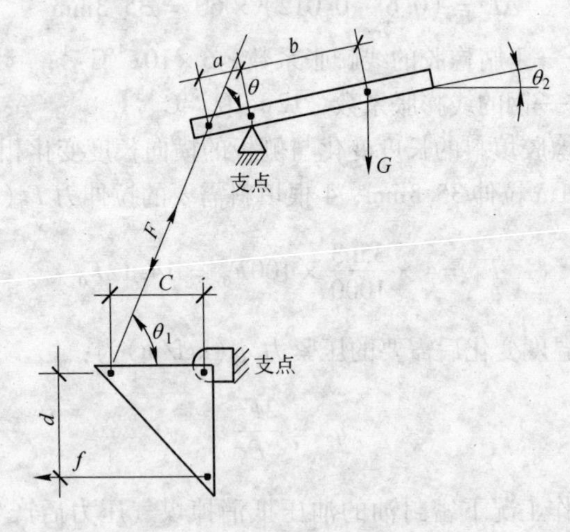

图6-7　压紧杠杆受力分析

因此，压紧杠杆上配重产生的压紧力 q_4（kgf/m）为：

$$q_4 = \frac{f}{e}$$

式中 e——相邻压紧杠杆的间距，m。

一般情况下，$q_4 > q_1 + q_2$，或者说 q_1、q_2 依靠 q_4 来解决，因此操作工况下需要的压紧力 q 为：

$$q = q_3 + q_4 \tag{6-9}$$

6.2.1.2 施工过程中需要的压紧力

施工过程中需要的压紧力 q' 计算如下：

（1）无油顶升时活塞上的荷载 W 包括：

屋顶结构 W_1 、

换气楼 W_2

活塞结构 W_3

屋顶设备 $W_4 = W_{41} + W_{42} + W_{43} + W_{44} + W_{45} + W_{46}$

（W_{41}：内部电梯；W_{42}：紧急救援装置；W_{43}：旋转平台；W_{44}：屋顶吊车；W_{45}：外部脚手架；W_{46}：鸟形钩）

密封装置 W_5

活塞设备 $W_6 = W_{61} + W_{62} + W_{63} + W_{64} + W_{65}$

（W_{61}：导轮；W_{62}：防回转装置；W_{63}：活塞倾斜测量；W_{64}：活塞人孔；W_{65}：超声反射板）

活塞环梁内充填的混凝土 W_7

无油顶升时活塞上的荷载 W(kg) 表示为：

$$W = W_1 + W_2 + \cdots + W_7 \tag{6-10}$$

（2）无油顶升时需要的空气压力 p_a（kgf/m^2）为：

$$p_a = \frac{4W}{\pi D^2} \tag{6-11}$$

（3）无油顶升时空气压力的作用方向见图 6-8。无油顶升时需要的压紧力 q_5(kgf/m) 为：

$$q_5 = 0.305 p_a \tag{6-12}$$

（4）施工过程中需要的压紧力 q'(kgf/m) 为：

$$q' = q_1 + q_2 + q_5 \tag{6-13}$$

减小施工过程中压紧力的方法：由于 q_5 值相当大，故 q' 值将大大超过 q_4 值，为了在施工过程中仍旧利用投产后的那套压紧机构，

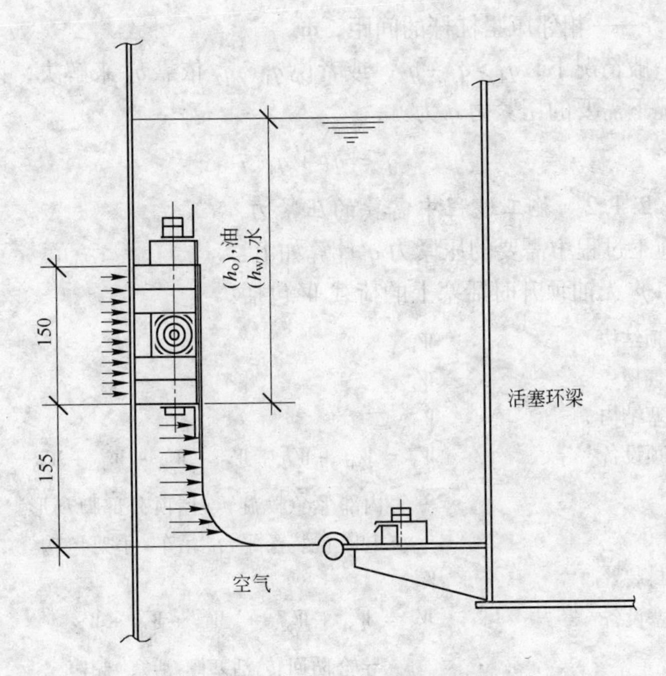

图 6-8　无油顶升时空气压力的作用方向

即维持 q_4 值不变，这就需要削减 q_5 值，削减 q_5 的措施可以在活塞油沟内充水来解决，其充水的作用在于抵消空气的压力（p_a），其充水的高度 h_w(m)计算如下：

$$h_w = \frac{q' - q_4}{305} \tag{6-14}$$

实际的充水高度为 $h_w + 0.155$(m)。

6.2.1.3　密封橡胶填料所承受的面压

密封橡胶填料所承受的面压 p_k（kgf/m^2）为：

$$p_k = \frac{q}{0.1} \tag{6-15}$$

6.2.1.4　计算示例

以下以 10 万 m^3 KMW 型煤气柜为例进行计算：

(1) 操作工况下需要的压紧力 q：

$$\phi = \frac{0.1}{46.9 - 0.1} \times 100 = 0.21$$

$$F_1 = 4 \times 0.21 \times 48 = 40.3\text{kgf}$$

$$q_1 = \frac{2 \times 40.3}{46.9} = 1.72\text{kgf/m}$$

$$F_2 = 14.12 \times 48 = 677.8\text{kgf}$$

$$q_2 = \frac{2 \times 677.8}{46.9} = 28.9\text{kgf/m}$$

$$q_3 = (1.225 \times 900 - 867) \times 0.305 = 71.8\text{kgf/m}$$

$$f = \frac{20 \times 0.75 \times \cos15° \times 0.14 \times \sin80.59°}{0.157 \times 0.25 \times \sin65.59°} = 55\text{kgf}$$

$$q_4 = \frac{55}{0.668} = 82.8\text{kgf/m}$$

$$q_3 + q_4 = 71.8 + 82.8 = 154.6\text{kgf/m}$$

q 值选用 154.6kgf/m。

（2）施工过程中需要的压紧力 q'：

$$W = (140.6 + 18.6 + 321 + 45.8 + 29 + 6.9 + 883) \times 10^3$$

$$= 1444900\text{kg}$$

$$p_a = \frac{1444900 \times 4}{\pi \times 46.9^2} = 836\text{kgf/m}^2$$

$$q_5 = 0.305 \times 836 = 255\text{kgf/m}$$

$$q' = 1.72 + 28.9 + 255 = 285.6\text{kgf/m}$$

$$h_w = \frac{285.6 - 82.8}{305} = 0.66\text{m}$$

活塞油沟实际的充水高度为 0.66 + 0.155 = 0.815m。

注：为了让充水高度减小，设计上特别地增加了施工时密封压紧杠杆端部的配重量。

（3）密封橡胶填料所承受的面压 p_k：

$$p_k = \frac{154.6}{0.1} = 1546\text{kgf/m}^2 = 0.0152\text{MPa}$$

6.2.2　填料块的压紧力对煤气压力波动的影响

活塞上升时力的作用见下式：

$$p_1 A \geqslant W_p + \Sigma \mu_i F_i \tag{6-16}$$

式中　p_1——煤气柜活塞上升时的储气压力，kgf/m^2；

A——煤气柜的内截面积，m^2；

W_p——活塞的荷载，kgf；

μ_i——各项摩擦系数；

F_i——各项压紧力，kgf。

活塞下降时力的作用见下式：

$$p_2 A \leqslant W_p - \Sigma \mu_i F_i \tag{6-17}$$

式中　p_2——煤气柜活塞下降时的储气压力，kgf/m^2。

活塞升降时煤气压力的变动幅度 Δp（kgf/m^2）为：

$$\Delta p = p_1 - p_2$$

$$\Delta p \approx \frac{2\Sigma \mu_i F_i}{A}$$

即：

$$\Delta p \approx \frac{8\Sigma \mu_i F_i}{\pi D^2} \tag{6-18}$$

$$\Sigma \mu_i F_i = \mu_1 f(\pi D - L) + \mu_2 F_2 + \mu_3 F_3 + \mu_4 F_4 + \mu_5 F_5 \tag{6-19}$$

式中　$\mu_1 \sim \mu_4$——滑动摩擦系数；

μ_5——滚动摩擦系数；

f——密封装置一般部分压紧力，kgf/m；

D——侧板内径，m；

L——防回转立柱压紧部分长度，m；

F_2——密封装置防回转立柱部分压紧力，kgf；

F_3——堰部压紧力，kgf；

F_4——防回转装置压紧力，kgf；

F_5——导轮的压紧力，kgf。

从式 6-16 和式 6-19 可见，当煤气柜的侧板内直径（D）一定时，增加密封装置一般部分压紧力（f），不会成比例地增加煤气柜的压力变动幅度（Δp），而只能部分地增加煤气柜的压力变动幅度（Δp）。另外也可以看出，当密封装置一般部分压紧力（f）一定时，随着煤气柜容量的增大，即随着煤气柜的侧板内直径（D）的增大，煤气柜的压力变动幅度（Δp）将会大幅度的降低。

下面以 10 万 m^3 KMW 型煤气柜为例，概略地计算其煤气压力变动幅度（Δp）：

$$\begin{aligned}\Sigma\mu_i F_i &= 0.3\times154.6(\pi\times46.9-4.67)+\\&\quad 0.3\times803\times2+0.3\times31\times4+\\&\quad 0.3\times474\times2+0.03\times3739\times44\\&=6617+482+37+284+4935\\&=12355\text{kgf}\end{aligned}$$

$$\begin{aligned}\Delta p &\approx \frac{8\times12355}{\pi\times46.9^2}\\&\approx 14.3\text{kgf/m}^2\end{aligned}$$

如果煤气压力的变动幅度（Δp）小于煤气压力的 4%，对于煤气的热用户来说几乎是没有什么影响的。上述算例的煤气柜，其 $0.04p=34.7\text{kgf/m}^2$，距离 14.3kgf/m^2 的值尚有相当距离。

煤气压力的波动值 $p_a=\pm\dfrac{\Delta p}{2}$，即 $p_a\approx\pm7.2\text{kgf/m}^2$，也在验收范围 $\pm20\text{kgf/m}^2$ 以内。

下面我们分析一下各压紧部分对煤气压力变动幅度（Δp）的影响份额：

$$\frac{\mu_1 f(\pi D-L)}{\Sigma\mu_i F_i}=\frac{6617}{12355}=53.6\%$$

$$\frac{\mu_2 F_2}{\Sigma\mu_i F_i}=\frac{482}{12355}=3.9\%$$

$$\frac{\mu_3 F_3}{\Sigma\mu_i F_i}=\frac{37}{12355}=0.3\%$$

$$\frac{\mu_4 F_4}{\Sigma\mu_i F_i} = \frac{284}{12355} = 2.3\%$$

$$\frac{\mu_5 F_5}{\Sigma\mu_i F_i} = \frac{4935}{12355} = 40\%$$

从以上分析来看，对煤气压力变动幅度（Δp）影响最大的是密封装置一般部分压紧力和导轮的压紧力，这两部分对煤气压力变动幅度（Δp）的影响份额将达到93.6%。单就密封装置一般部分压紧力对煤气压力变动幅度（Δp）的影响份额仅达53.6%。这些数据也只有参考的价值，它为观察问题提供了窗口。

6.2.3 填料块压紧力的选定

填料块的压紧力会对煤气柜的压力变动幅度产生影响，即增加填料块的压紧力会使煤气柜的压力变动幅度增加，从这一点来看是我们所不希望有的情况，但增加填料块的压紧力却会使密封油的流下量减少，从这一点来看又是我们所希望有的情况。填料块的压紧力一定会找到一个优化的值，它将使煤气压力变动幅度和密封油流下量均达到合适的数值。对于KMW型煤气柜来说，其密封油流下量当在1.0～1.5L/(m·h)（m为侧板每米周长，h为小时）之间。对于M.A.N型煤气柜来说，其密封油流下量当在2～3L/(m·h)之间。

因此，在6.2.1节确定了填料块的压紧力之后，还需要通过6.2.2节进行煤气压力变动幅度的考核，然后再通过本节进行密封油流下量的考核，这还需要参考一些生产实践数据，最后对填料块的压紧力选定一个优化的值，填料块的压紧力（q值）确定后，压紧杠杆上配重产生的压紧力（q_4值）也就确定了。从设计上来看，应该对q值给出调整的余地。也就是说，压紧杠杆上配重产生的压紧力（q_4）应该给出调整的余地。

6.2.4 填料块的组合设计

一般部分的填料块组合见图6-9；一般部分立柱的填料块组合见图6-10；防回转立柱的填料块组合见图6-11。

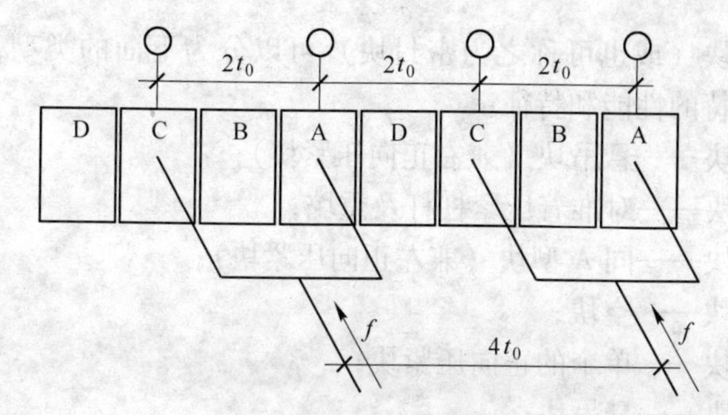

图 6-9　一般部分的填料块组合

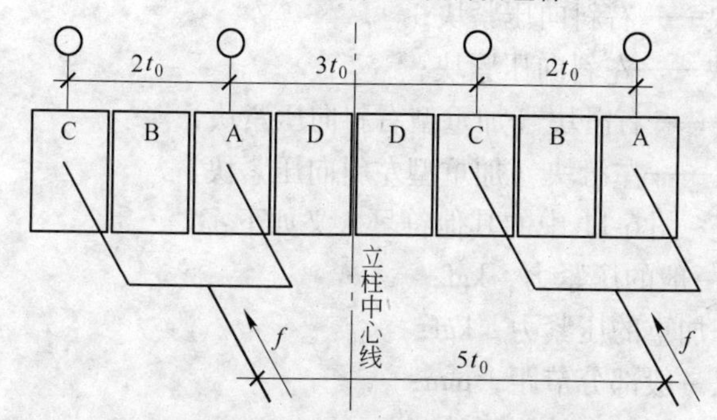

图 6-10　一般部分立柱的填料块组合

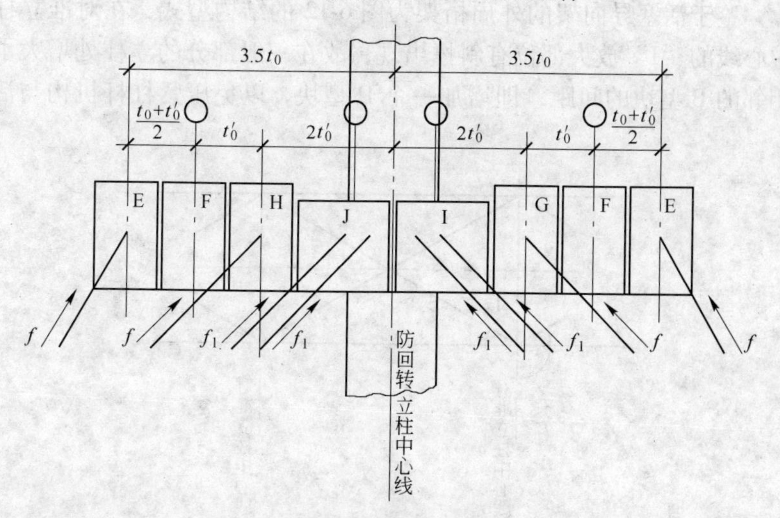

图 6-11　防回转立柱的填料块组合

填料块（或也可称之为密封块）可以分为下面的类型，并具有着各自独特的性能和特征：

A 型块——悬吊块（兼右正向压紧块）；

B 型块——对准着压紧杠杆及重坨；

C 型块——同 A 型块（兼左正向压紧块）；

D 型块——空块；

E 型块——单个的正向压紧块；

F 型块——悬吊块；

G 型块——右斜向压紧块；

H 型块——左斜向压紧块；

I 型块——右滑块（加重型右斜向压紧块）；

J 型块——左滑块（加重型左斜向压紧块）。

图 6-9 ~ 图 6-11 中的其他符号含义如下：

f——一般的压紧力，kgf；

f_1——加重的压紧力，kgf；

t_0——一般部分节距，mm；

t_0'——防回转立柱附近的节距，mm。

鉴于活塞导向架的外周桁架为图 6-12 的结构型式，在对准立柱中心线的“I”放大部位有斜撑出现，故在一般部分的立柱处增大了相邻的 B 型块的间距，即增加一个 D 型块，以免压紧杠杆机构与活

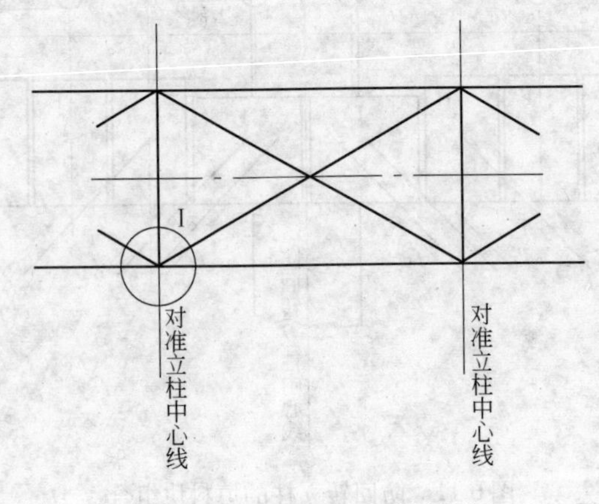

图 6-12 活塞导向架外周桁架

塞导向架外周桁架的斜撑相碰。

一般部分立柱处填料块的布置特点是立柱两侧的 B 型块相对称。

防回转立柱处填料块的布置特点也是立柱两侧对称布置，增加左、右滑块处的斜向压紧力，目的在于减少防回转立柱与滑块间的缝隙，以减少该处的油流下量。

密封部分基准圆的直径 D_0 为：

$$D_0 = D - 2L_0 \tag{6-20}$$

式中 L_0——侧板内壁至密封橡胶压板的距离，$L_0 = 89\text{mm}$。

两立柱间的基准圆弧长 $\widehat{L}$(mm)为：

$$\widehat{L} = \frac{\pi D_0}{n} \tag{6-21}$$

式中 n——立柱数。

一般部分两立柱间密封块的组数（n_s）为：

$$n_s = \frac{\widehat{L} - t_0}{4t_0} \tag{6-22}$$

式中 t_0——一般部分密封块的节距，t_0 可取 170mm。

注：一组密封块包括 A、B、C、D 4 个密封块；n_s 取正整数。

两立柱间的密封块个数 N_s 为：

$$N_s = 4n_s + 1 \tag{6-23}$$

密封块节距的校正值 t_0(mm)为：

$$t_0 = \frac{\widehat{L}}{N_s} \tag{6-24}$$

一般部分压紧杠杆上配重产生的压紧力 q_4(kgf/m)为：

$$q_4 = \frac{1000f}{4t_0} \tag{6-25}$$

6.2.5 主帆布

主帆布的敷设图见图 6-13。

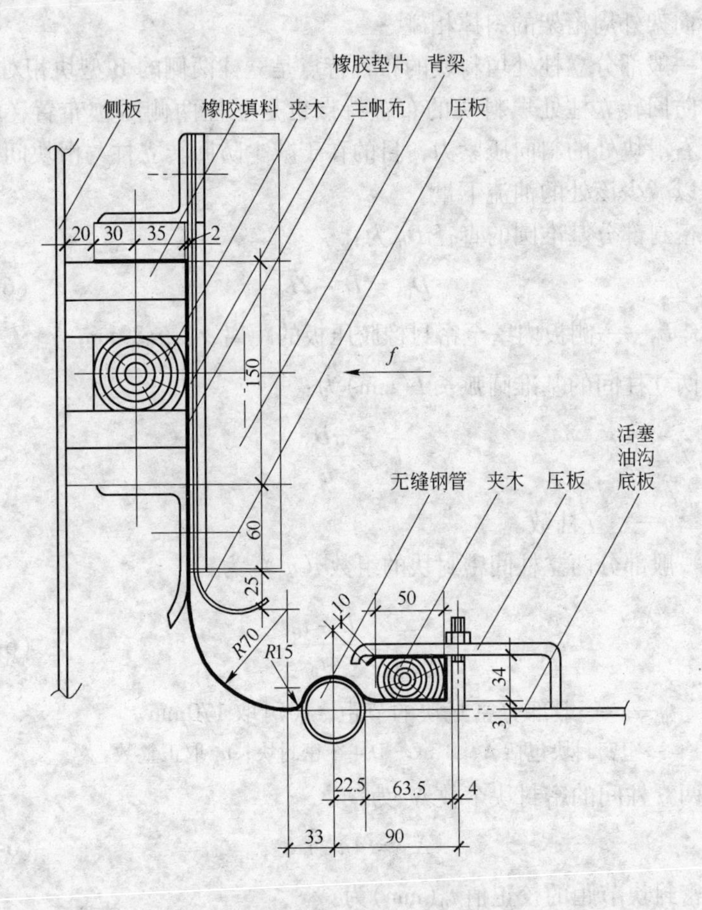

图 6-13 主帆布敷设图

主帆布需要的最小宽度 B_0 为：

$$B_0 = 30 + 35 + 2 + 150 + 60 + 25 + \frac{\pi \times 70}{2} + (33 - 22.5) +$$

$$\pi \times 22.5 - 3 + 63.5 + 34 + 50 + 10$$

$$= 647.6\text{mm}$$

主帆布需要的最大宽度 B_0' 为：

$$B_0' = 647.6 + 70 \times 2 - \frac{\pi \times 70}{2} = 677.6\text{mm}$$

设计上选用的主帆布缩水后的宽度 B 为 680mm。

下面以 10 万 m^3 KMW 型煤气柜为例，谈谈主帆布的渗漏性能及对策。

主帆布的渗漏宽度（参见图 6-13）为：

$$25 + \frac{\pi \times 70}{2} + (33 - 22.5) = 145.5\text{mm}$$

主帆布的渗漏长度为：

$$\pi \times (46900 - 2 \times 85) = 146807\text{mm}$$

式中　46900——侧板内径，mm；

　　　85——主帆布离开侧板的距离（见图 6-13）。

主帆布的渗漏面积为：

$$146.807 \times 0.1455 = 21.36\text{m}^2$$

双层帆布的渗漏参考指标选取 34.1L/(m² · h)，计算主帆布的渗漏量：

$$21.36 \times 34.1 = 728.4\text{L/h}$$

油泵站为补充主帆布渗漏每小时内需增加的运转时间为：

$$\frac{728.4}{4 \times 26 \times 60} = 0.12\text{h/(h · 泵站)}$$

式中　4——10 万 m^3 柜油泵站的个数。

一日内一台油泵为补充主帆布渗漏需要增加的运转时间为：

$$24 \times 0.12 = 2.9\text{h/(d · 泵站)}$$

一日内一台油泵为补充主帆布渗漏需要增加的运转次数：

$$\frac{2.9 \times 60}{5} = 34.8\text{ 次 /(d · 泵站)}$$

从以上计算结果来看，一台油泵为补充主帆布渗漏每日需增加的运转次数大大地超过了正常的一台油泵的运转次数。针对这一情况采取的对策是在压板（见图 6-13）未安装前，在橡胶填料的下缘至活塞油沟底板上的夹木之间的一段主帆布上涂两层焦油沥青来解决。另外，对主帆布抗渗漏的性能在制作上还应提高要求。

主帆布的结构为两层缝制，靠密封油的一面为棉帆布，靠煤气的一面为涤纶帆布，每层帆布厚度均为 1mm，缝制用线采用尼龙线。主帆布的开孔在现场安装前进行，开孔选用冲孔的方式，孔径与间距应符合图纸要求。主帆布开孔后应轻轻地折叠，避免用力拉伸，以防止孔变形走样，安装时再轻轻打开。开孔、剪裁、划线应在帆布缩水之后进行。

主帆布应满足以下性能：

防静电功能		摩擦静电荷小于 $7\mu C/m^2$
耐温性能		工作环境温度小于 160℃
耐光照性能		在日光长期暴晒下不老化
耐腐蚀性能		不受酸、碱的腐蚀
物理性能	透气性	$<1m^3/(m^2 \cdot min)$ ①
	热收缩率	<1.5%（180℃时测定）
	断裂强度	纵向 >300kg/30mm 宽
		横向 >250kg/30mm 宽
	伸长率	纵向 >40%
		横向 >20%
	组织	平织
	重量	$>650g/m^2$

①透气性指标与油渗漏有关，该项指标还应大大地提高要求。

6.3 活塞油沟的储油量

图 6-14 为两种柜型活塞油沟储油量的比较，这两种煤气柜储存煤气的压力均为 6300Pa。按图中尺寸计算，曼型煤气柜活塞油沟的储油断面为 $0.35m^2$，新型煤气柜活塞油沟的储油断面为 $0.66m^2$。就活塞油沟的储油断面来说，新型煤气柜是曼型煤气柜的 1.9 倍，新型煤气柜活塞油沟储油量大也是它的一个特点。

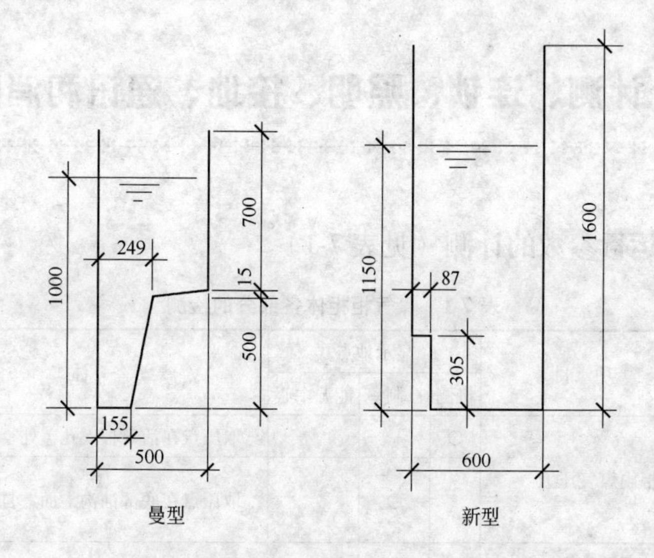

图 6-14 两种柜型活塞油沟储油量的比较

7 计测、连锁、照明、接地、通讯和消防

7.1 运行参数的计测（见表7-1）

表7-1 煤气柜柜体各部分的检测

序号	项 目	显示地点			备 注
		机侧	控制室	能源中心	
1	柜内煤气压力	○			取压点在活塞板人孔盖处
			○		取压点在底部油沟上面，自动记录
2	油泵站出口油压	○	○		每个油泵站
3	底部油沟油温	○	○		机侧显示4个，控制室自动记录1个
4	柜内煤气温度		○		取压点在底部油沟上面，自动记录
5	活塞速度		○		指示，速度0～2m/min
6	容量计（机械式）	○	○	○	带连锁、报警 } 可相互切换使用
7	容量计(超声波式)		○	○	带连锁、报警 } 可相互切换使用
8	活塞油沟油位高度		○		} 均布4点，可摄像电视显示
9	活塞倾斜		○		} 均布4点，可摄像电视显示
10	活塞上部空间CO微含量		○	○	均布4点，带报警
11	煤气柜出入口阀开度		○		开、关状态显示
12	煤气放散阀开度		○		开、关状态显示
13	油泵启动次数		○		累计计数，每台油泵单独设置

续表 7-1

序号	项　目	显示地点			备　注
		机侧	控制室	能源中心	
14	油泵运转信号		○	○	每个油泵站的 1 号、2 号油泵，灯光显示
15	密封装置异常		○	○	某油泵站的 1 号、2 号油泵同时运转，带报警
16	氮气压力		○		
17	往柜内充入氮气的阀开度		○		联动，开关状态显示
18	煤气吹扫放散阀开度（仅 1 个）		○		联动，开关状态显示

注：1. 活塞油沟油位高度与活塞倾斜的计测装置可靠拢设置，以便于共用一套摄像装置。

2. 因活塞超限放散是短期行为，可不必设置煤气放散流量调整阀及煤气放散流量计测。长期放散应转移到带燃烧器的过剩煤气放散管进行。

3. “报警”包括亮信号灯及发出音响警报。

4. 每个泵站的 1 号、2 号油泵均可在机侧进行工作油泵与备用油泵的转换。每台油泵可自动运转也可手动运转，机侧转换。

7.2 保安连锁

活塞上部柜内空间空气中 CO 微含量检测与报警要求如下：

检测范围　　0 ~ 0.03%

报警浓度　　1 档　　0.0024%（在此浓度下操作人员可入内进行较长时间的工作）

　　　　　　2 档　　0.0040%（在此浓度下操作人员可入内进行连续工作不超过 1 小时的作业）

煤气柜容量（活塞行程）上、下限保安连锁：

$S \geqslant 1.0S_0$　　侧板上部煤气紧急放散管自行开启

$S = 0.95S_0$　　声、光报警

	打开柜区的煤气放散管
$S=0.9S_0$	声、光报警
	关闭柜区的煤气放散管
$S=0.1S_0$	声、光报警
$S=0.05S_0$	声、光报警
	关闭煤气出入口管阀门
$S=0.0S_0$	打开往柜内活塞下部充氮气的阀门
	打开一个煤气吹扫放散管的阀门

注：1. S 代表活塞实际行程位置；

S_0 为活塞标准行程（相当于100%的煤气柜有效储存容积）；

$S=0.0S_0$ 是活塞处于着陆状态。

2. 开启煤气出入口管的阀门需待外部煤气管网压力正常后，由控制室值班人员在控制室内手按电钮打开。
3. 两种容量计（机械式或超声波式）任一个都可单独负载连锁和解除连锁，且两者可以相互切换使用连锁。
4. 活塞着陆时，为防止活塞下部死空间受外部大气温度变化的影响而产生出现负压及活塞板瘪塌事故，将氮气充入柜内活塞下部空间，并打开一根煤气吹扫放散管作为氮气的排出口与外界沟通，从而避免了形成负压。待煤气柜重新投入运行前，关闭氮气充入阀门，按引煤气的程序即可使煤气柜投入运行。采用这一保安措施，既避免形成负压又避免了煤气的吹扫，又可使煤气柜缩短了投入运行的时间。

7.3　照明

煤气柜内不设照明，因为有天窗和侧窗的采光。

煤气柜走梯照明采用200W隔爆型白炽灯。

煤气柜内容量指示器采用400W防爆投光灯。

油泵站室内采用隔爆型白炽灯。

控制室采用荧光灯（停电时转换为蓄电池照明）。

检修照明采用12V低压照明插座。

柜区道口采用高压钠灯。

柜顶端设隔爆型航空障碍灯，采用光控开关自动控制，同时在控制室设障碍灯运行监视（是否设置障碍灯应与当地民航部门联系确定）。

7.4 爆炸危险区划定及防雷接地

屋顶内部活塞以上空间属爆炸危险1区。

侧板外3m以内地区属爆炸危险2区。

侧板外3m以外地区属不防爆地区。

在爆炸危险区内，有关电气、计器、通讯设施设备的选型及线路敷设应符合有关的防爆要求。

煤气柜为二类工业防雷构筑物。

防雷和防静电接地可设置几处，接地极埋设于地下水位以下0.5m处，接地电阻不大于4Ω。

煤气柜紧急放散管处设高于管口3m以上的避雷针。

7.5 通讯

煤气柜主控室设拨字电话一台。

煤气柜主控室设录音调度电话一台，录音调度电话与能源中心（或厂部调度室）联网。

煤气柜主控室设指令对讲机一台，对讲点如下：

（1）主控室—气柜顶内部电梯乘口（2处）；

（2）主控室—外部电梯地面乘口及有关各回廊乘口；

（3）主控室—外部电梯内机箱。

其中，上述（1）、（2）项的终端为带扬声器、防爆；上述（3）项的终端为不带扬声器、防爆。

煤气柜内部电梯乘口与活塞面上的通话采用防爆无线电话机两台。

7.6 消防讨论

对于干式煤气柜防范燃、爆的侧重点，会影响到消防的对策。反过来说，确定了煤气柜是防燃为主还是防爆为主，也就确定了消防的对策。

下面先举几个例子。煤气柜发生下述事故是很少的，即便是很少我们也有必要追述一下。例 1，在第二次世界大战前，某国有一个 5 万 m^3 的干式煤气柜，柜顶部有鸽子楼，鸽子死了表明煤气泄漏严重，本应及时处理，但由于管理不善没有及时处理，一天下雷阵雨引起煤气柜爆炸。例 2，也是在二次世界大战前，德国的一个 15 万 m^3 的干式煤气柜在修理管道时，与煤气柜相连的阀门未关死，火花引入煤气柜造成爆炸，引起了全厂性的毁灭。例 3，也是在第二次世界大战前，约在 1926 年，波兰波兹南的一个干式煤气柜（也是全球第一个建造的干式煤气柜）发生爆炸，从煤气柜在爆炸时活塞所处的位置计算得知，煤气与活塞上部空间的空气混合形成了爆炸性的混合物时，有 4000m^3 以上的煤气是从活塞漏出。从仅有的上述几个例子中可以看出事故出现的范畴均与爆炸有关。第二次世界大战后，德国改进了煤气柜上部的通风结构，使爆炸事故大为减少。

以焦炉煤气为例，煤气占与空气混合气体的 18% 才能燃烧，而煤气占与空气混合气体的 5% 就能爆炸。以高炉煤气为例，煤气占与空气混合气体的 58% 才能燃烧，而煤气占与空气混合气体的 28% 就能爆炸。活塞以下的煤气往活塞上部的空气中泄漏时，煤气占与空气混合气体中的浓度是个增加浓度的过程，由此来看是爆炸在前，即先发生爆炸。所以说，防爆应是煤气柜防险的侧重点。明确了对于干式煤气柜来说防爆是它的侧重点，那么防火的那些设施就显得无用了，把钱花在防火设施上实际是一种无益的浪费。再者爆炸过程是个瞬间过程，而燃烧过程是个持续过程，两者的反应特性截然不同。对于瞬间过程只能从防范上着手，从补救上着手无益于补，即补救设施还来不及启用就已炸得面目全非了。

在 20 世纪初期，是靠鸽子来检测活塞上部空间的 CO 微含量，也只能做到模糊定性程度而无法对外报警。到了 20 世纪末的 80 年代，已经可以用仪器来分析检测空气中的 CO 微含量，既可对外显示检测结果。又可对外报警。加之煤气柜活塞机构煤气密封性能的改进，就大大提高了煤气柜的安全性。况且煤气柜的活塞中存有大量的密封油，以水消防设施做对策不仅无益反而有害。

煤气柜活塞上部空间空气中 CO 微含量检测能达到的技术条件如下：

(1) 采样点为活塞周边4处。

(2) 连续采样、连续分析、连续报出检测值。

(3) 检测CO微含量的显示刻度范围为0~0.03%。

(4) 报警浓度为：1档——0.0024%（在此浓度下操作人员可以入内较长时间工作）；

2档——0.0040%（在此浓度下操作人员入内连续工作时间不得超过1小时）。

下面分析从报警浓度到爆炸浓度再到燃烧浓度的经过距离。

以焦炉煤气柜为例，2档报警浓度为0.0040%，爆炸浓度为0.35%，燃烧浓度为1.26%。即爆炸浓度为报警浓度的88倍，燃烧浓度为报警浓度的315倍。

以高炉煤气柜为例，2档报警浓度为0.0040%，爆炸浓度为7.56%，燃烧浓度为15.66%。即爆炸浓度为报警浓度的1890倍，燃烧浓度为报警浓度的3915倍。

上述各项浓度均指CO占与空气混合物的百万分体积含量。假定的煤气成分体积含量如下（%）：

成分	CO	CO_2	H_2	N_2	CH_4	C_mH_n	O_2
焦炉煤气	7	2	57	6	25	2	1
高炉煤气	27	12	3	58			

焦炉煤气爆炸下限为5%，高炉煤气爆炸下限为28%。

从上述分析来看，焦炉煤气柜比高炉煤气柜对爆炸的敏感性强。就以焦炉煤气柜来看，爆炸浓度为报警浓度的88倍，即相距甚远，操作人员完全来得及做应对处理。至于燃烧浓度，离报警浓度就更远了。

据此，对干式煤气柜提出以下安全措施：

(1) 煤气柜活塞以上的柜内空间要有良好的通风效果。

(2) 活塞以上的柜内空间空气中CO微含量应可靠地连续检测、显示、报警。

(3) 设置活塞盘水平度的测量仪表，活塞倾斜度不得超过$D/1000$，特殊情况下最大不得超过$D/500$。

（4）活塞油沟的油位应检测，要保持油位高度不低于设计高度。

（5）柜顶最高点要有避雷针。柜壳体要有可靠的接地装置。

（6）活塞升降速度不得超过规定范围。

（7）气柜安全区内禁止任何烟火，禁止任何锤击物件的工作。煤气柜区应设围墙，大门平时应关闭。

（8）柜区操作人员禁穿带钉子的鞋，禁止携带打火机。

归纳以上所述，因爆在前燃在后，故煤气柜的消防应以防爆为侧重点，防爆应以预防为主。引爆的起因在于煤气从活塞下部空间往活塞上部空间泄漏，检测煤气泄漏的手段是检测空气中 CO 微含量的多少，若 CO 微含量超过标准，就应将煤气柜储存的煤气量通过柜区煤气放散管放掉（撤去火源），将活塞着陆、吹扫，将煤气柜停下来，待故障排除后再重新投入运行。

8 新型煤气柜操作要领

8.1 一般事项

一般事项包括：

（1）本操作要领记载了新型干式煤气柜的基本运转维护要领。对应于每个设备实际运转状况的运转维护，虽然在本要领中没有记载，但也希望遵守。对于专门的机械设备（例如外部电梯等）、电气设备和计装设备的操作要领，本操作要领未包括进来。

（2）煤气柜的周围在安全上要经常进行整理和整顿，在通路上要避免放置障碍物之类的东西。

（3）在煤气柜的运转维修上，为了了解运行情况和实行计划维修，请记下运转日志等的记录。

（4）煤气柜的楼梯、回廊、内外部电梯等，有关者以外的人严格禁止入内。

（5）机器的操作由专门人员负责，以便于不发生误操作的事件。

（6）有关境内的安全事项,应在适宜的场所设立标志牌鲜明地指出。

（7）煤气柜的当班作业人员不能穿带铁钉的鞋，随身不得携带烟火用具。

8.2 底板及柜本体下部设施

8.2.1 煤气柜中央底板采用拱形底板的说明

煤气柜中央底板采用拱形底板，对使用操作的改进如下：

（1）减少了煤气柜的死空间容积，使得煤气死空间的吹扫作业省力又省时，而且吹扫时对周围环境的污染会减少。例如，对于12万 m^3 的高炉煤气柜来说，假定中央部分底板不抬高，那么它的死空间容积就是6213m^3，中央部分底板抬高起拱后它的死空间容积就缩减到 1304m³，即煤气柜死空间容积减少 79%，吹扫需用氮气量及吹扫时间均会减少 4 倍，且对周围环境的污染会大大减少。由于吹扫的死空间容积少，也就用不着在活塞板上开设吹扫短管及设立连接的挠性软管至柜体外，利用侧板下部接出的煤气吹扫管即可完成死空间容积的置换。

（2）中央底板抬高后，中央底板水封排水管可设置在地面以上，可以不设排水坑，从而也就避免了水封排水管遭受排水坑中积水的腐蚀，改善了使用和维修条件。

（3）当检查或维修活塞板时，可利用伸缩式活塞支座（即在活塞支座处垫接接长杆），使中央底板的上部空间高度维持在 1.45 ~ 2.2m 之间，这一合适的检修空间高度是目前其他煤气柜所不具备的。假定中央底板不抬高，那么检修空间高度将达到 6.25m，这显然对维修、检查活塞板来说是不方便的，不搭设脚手架是无法进行的。

（4）由于采用拱形底板，底板上表面不积留煤气冷凝水，对底板的防腐也就可以简化处理了，只需涂防腐底漆三道（105μm 漆膜厚度）即可。用不着采用像平的底板那样的 30mm 水层和 30mm 焦油层的防腐措施，对于 12 万 m³ 煤气柜来说可以节约焦油 52t。

8.2.2　底部油沟的储油容积

因为当停电时间较长时，活塞油沟、油上升管、预备油箱中的储存油量和侧板上的附着油量都将卸入底部油沟，这就要求底部油沟应该有一定的富裕容积来容纳这部分卸入的油量。例如，对于 12 万 m³ 的高炉煤气新型煤气柜来说：

卸入底部油沟的油量	
活塞油沟的油量	113m³
预备油箱的油量	9m³
油上升管的油量	2m³
侧板附着的油量	3m³
计	127m³
底部油沟的截面积	295.6m²
卸入底部油沟的油层高度	0.43m

底部油沟的最高油位	
原有水层高	0.33m
原有油层高	0.12m
卸入油的油层高	0.43m
计	0.88m

侧板最下部（第1段）的人孔下沿距底部油沟底板上表面为1.0m，底部油沟内侧环板高1.2m，两者都超过了0.88m，底部油沟的储油容积够用。

8.2.3 底部油沟的清扫（冲洗）

底部油沟的清扫（冲洗）操作事项包括：

（1）在开始清扫前应先关闭相关油泵站的油、水进入阀门。

（2）加注330mm的水层加上原330mm的水层，共计达到水层厚度660mm。然后在一侧注水另一侧排水进行底部油沟的冲洗。冲洗底部油沟时总水层高度不能小于390mm。排水不能过快，以免将密封油带出去，甚至还会将煤气也带出来。

（3）底部油沟的冲洗以两人操作为宜，一个执行冲洗给水，一个执行冲洗排水。若发现排水中带油，则应立即停止冲洗的给水与排水。

底部油沟若分格（堰），每一格（区间）每次冲洗的时间不宜超过5分钟（按每次冲洗5分钟较合适）。

（4）底部油沟冲洗的间隔时间为6个月一次，以后根据情况调整冲洗期间隔的长短。

（5）冲洗作业完成后，及时打开相关油泵站的油、水进入阀门。

（6）冲洗给水与冲洗排水的接管上设立双阀门为宜，其中靠近柜体的阀门平时应处于全开状态。只有当外部的阀门关闭不严时才利用靠近柜体的阀门关闭。

8.2.4 底部油沟连通管的操作

底部油沟连通管的操作事项包括：

（1）如果底部油沟分格（堰），那么再设置底部油沟连通管，就可以使底部油沟的操作实现多元化。

（2）平时应关闭底部油沟连通管上的阀门，形成几个独立的油循环系统，从各泵站的每日运转次数差异可以看出煤气柜圆周方向的密封情况或侧板变形情况的差异。

（3）当一个油泵站故障时，可将位于该油泵站两边的底部油沟连通管上的阀门打开，以靠近该故障泵站的两个油泵站承担起停止运转的故障泵站的供油功能。

（4）分格（堰）的底部油沟，对于底部油沟的冲洗，则甚为方便。

8.2.5 底部油沟的加热

底部油沟蒸汽加热装置的启用条件：

（1）密封油的温度低于5℃。

（2）水结成了冰（0℃以下）。

（3）密封油的水分离性能恶化。

（4）引火点不能满足密闭式试验40℃以上或开放式试验60℃以上。

（5）黏度（50℃时）不能满足12mm/s以上。

（6）驱动泵的时间不能满足每天5小时以下，当油泵的驱动时间超过每天5小时时，就得考虑是否有苯类溶解于密封油中而使黏度降低。

底部油沟蒸汽加热装置启用时的注意事项：

（1）密封油的温度宜控制在50℃以下。

（2）蒸汽压力应控制在0.2～0.3MPa，超出的压力应利用减压装置减下来。

为了防止冬季结冰和密封油黏度下降，一般每隔1～3个月将密封油用蒸汽管加热至50℃一次，以去除焦炉煤气留在密封油中的轻馏分，恢复密封油的黏度。

油的劣化点约为80～100℃。但不是一下子就劣化的，是随着时间的加长而劣化，短时间高温还是允许的。

8.2.6 柜内煤气冷凝水的排出

柜内煤气冷凝水分为中央底板和煤气出入口管两部分。中央底板的排水点有若干处，每处排水管的直径约为DN150；煤气出入口管的排水点为一处，排水管的直径约为DN100。

排水管的水封高度应不低于柜内煤气压力波动的上限值加5000Pa。

连接柜体的排水管上设双阀门为宜，经常可以使用远离侧板的那个阀门来操作。

各排水管的最高点应设排气孔，以防止虹吸现象出现。

在煤气柜投运前，利用附近地面的给水接水点，将水注入中央底板和煤气出入口管（通过人孔利用与地面给水管相连接的橡胶软管注水），使水流入各排水管，但此时排水管中排不出水来，因为煤气柜内未形成压力。注水时操作人员应注意，中央底板四周围的水沟中的水不要超过排水接点处的接管中心，煤气出入口管道（矩形管道）的管底不要出现积水否则应立即停止注水。停止注水后要将各排水管外侧的闸阀关闭。待煤气柜通煤气投运后，再根据情况打开中央底板和煤气出入口管的排水管。

8.2.7 活塞板下面和底板上面的检查

活塞板下面和底板上面的检查事项包括：

（1）先进行煤气柜的置换吹扫操作，将活塞下部空间的煤气置换为空气。先用氮气赶掉活塞下部死空间的煤气，开启检修风机支管并运转检修风机，用空气赶掉活塞下部死空间的氮气。吹扫后对空气取样，取样的空气中CO含量小于$30mg/m^3$时，方可结束置换吹扫操作。

（2）检修人员从煤气出入口管道侧面的人孔进入，钻行到活塞脚环处附近等待。

（3）封闭煤气出入口管道侧面的人孔，开动检修风机使活塞浮升到全行程的50%以上。

（4）预先进入煤气柜内的检修人员，将挂在底部油沟沟壁上的活塞支座接长杆（1.1m长）插入活塞支座，并全部固定好（套上十字撑架并紧好螺栓）。

（5）停转检修风机，通过吹扫放散管及检修风机送风管上的放散管排放煤气柜活塞下部空间的空气，使活塞下降，最后直到着陆为止（接近着陆点时应使活塞缓慢下降）。此时活塞板下面的空间最小净空可达1.45m，最大净空约达2.2m。

（6）打开侧板人孔，检修人员通过底部油沟过桥进入到中央底板上。

（7）检查、修理之后，封闭侧板人孔。

（8）开动检修风机，使活塞浮升到全行程的50%左右。

（9）滞留在煤气柜内的检修人员将活塞支座中的接长杆取下并挂到底部油沟的沟壁上。

（10）检修人员退避至中央底板的煤气出入口处等待。

（11）停转检修风机，通过吹扫放散管及检修风机送风管上的放散管排放煤气柜活塞下部空间的空气，使活塞着陆（接近着陆点时应使活塞缓慢下降）。此时活塞板下面的空间最小净空为0.35m，最大净空约达1.1m。

（12）打开煤气柜出入口管道侧面的人孔，滞留在煤气柜内的检修人员撤出。

（13）封闭煤气出入口管道侧面的人孔，关闭检修风机支管上的阀门并加设盲板。

8.2.8　检修风机的使用、保养

检修风机的使用、保养事项包括：

（1）根据现有的风机，操作人员应该知道它浮升一段侧板和浮升活塞全行程需要的时间。

（2）检修风机启动前，煤气柜活塞下部空间的残留煤气必须吹扫干净。

（3）检修风机使用后，最好将检修风机及其连接管拆下保存在库房里，以免放在户外长期停用造成电气及机械设备受损。

（4）拆下风机后，在风机与手动切断蝶阀之间应堵上盲板。

（5）拆掉风机后留下的基础螺栓要涂油并用塑料布包好。

（6）拆下的接线应与电机端子对应编上号码，并绝缘处理好，以便再用时接线不发生差错。

（7）留在现场的配电盘应防护绝缘好。

8.2.9　在煤气柜周围作业时的注意事项

在煤气柜周围作业时的注意事项包括：

（1）在煤气柜进行作业时，事前请将其内容和时间通知煤气柜运转管理人员。

运转管理人员接到通知的内容和时间后才能进行煤气柜的作业事项。

特别是煤气的放散对操作人员是非常危险的，因此在作业时要绝对避免煤气的放散。

（2）煤气柜储藏的是爆炸性气体，为了防止不测，当煤气柜运转时，在煤气柜的周围要绝对避免使用火气和发生火花的电气作业。

8.3　活塞

8.3.1　活塞的运转

活塞运转的注意事项包括：

（1）活塞运转时要经常监视它的高度，要绝对避免活塞冲向屋顶或突然着陆。

（2）活塞的速度要在规定的速度以内运转（极限速度为3m/min）。

8.3.2　活塞的着陆

活塞着陆的事项包括：

（1）要事先与使用煤气的有关各部门进行商量，并把实施方案和日程等通知有关部门和其他有关联的煤气柜运转人员。

（2）操作上以第（1）项的实施方案和日程为前提，根据煤气柜运转管理人员的指示，密切地进行联系。

（3）使活塞下降到尽可能低的位置之后，关闭站区煤气出入口阀门，实行水封并加上盲板。

（4）打开外部放散管的阀门，使煤气放散并使活塞进一步下降。

（5）当活塞高度达到5m左右时，关小放散管的阀门，尽可能地降低活塞的下降速度，使其缓着陆。

（6）活塞着陆后应立即充入氮气并打开一根吹扫放散管。

（7）根据活塞着陆状态的时间长短，来决定是否进行置换煤气的作业。

（8）活塞处于长期的着陆状态，必须打开全部吹扫放散管，以防止出现负压瘪顶事故。

8.3.3　活塞的启升

活塞启升的事项包括：

（1）与活塞着陆时一样，与各有关部门事先充分地进行商量，按照煤气柜运转管理人员的指示实施。

（2）活塞浮上后约到5m时，应尽可能地抑制浮上速度，确认没有异常后再进行。

8.3.4　在活塞上检查作业时的注意事项

在活塞上检查作业时的注意事项包括：

（1）操作人员往活塞上降落时，至少应有一名操作人员配置在内部电梯屋顶乘场附近，监视活塞上的情况，一有异常出现要立即进行救助。

（2）在活塞上检查作业之前要确认活塞上部空间煤气的浓度，查明安全后再往活塞上降落。煤气浓度的变化要经常有专人监视。

（3）在活塞上作业，禁用在摩擦和冲击时有可能发生火花的工具，禁穿带铁钉的鞋。

（4）在活塞上配置的混凝土块，除必要时以外，请不要移动，以免造成活塞的倾斜。

当由于活塞的涂漆等原因暂时需要移动混凝土块时，要注意不得增加活塞上的偏心荷重。

（5）在内部电梯着陆部位，要绝对避免放置物品。在内部电梯着陆时，要确认没有障碍物。

(6) 在活塞上进行作业时，为了安全，应尽量使活塞移动到上部之后再进行作业。

8.3.5 活塞导轮的检查和维护

在与侧板立柱相对应的活塞导架立柱的上方和下方都配置着一对钢制导轮，活塞上下靠这些导轮来导向。

日常检查是检查导轮是否能没有障碍地回转及在回转时有无发生异常的声音。

导轮除了补修或调整需要之外，不要附加其他重力。

8.3.6 防回转装置的检查和维护

为了防止活塞发生水平方向的回转，在侧板立柱的内侧安设有2~4个防回转装置。该装置的导向块夹住侧板立柱导板并保持着各自的导向块与立柱导板的间隙。一对径向对称的防回转装置的间隙为2mm，则另一对径向对称的防回转装置的间隙为6mm。导向块压住侧板立柱导板是靠着重锤和杠杆的作用。

日常检查有如下的内容：

(1) 导向块是否正确地夹住侧板立柱的导板。

(2) 检查导向块的磨耗状态。

(3) 根据需要给油。

8.3.7 活塞油沟油位的检查和维护

在活塞的周边部分有活塞油沟，密封油被储存在活塞油沟内。在该活塞油沟内，藏着密封机构，以保持密封所需的油位，从而密封着储藏在活塞下部的煤气。同时它还能适应活塞与侧板间隙的若干变化，确保着密封状态的维持。

该密封机构由挨着侧板的特殊橡胶填料和帆布构成。该密封机构在侧板部分靠许多配重压住，在防回转立柱的导板部分也是靠若干组杠杆配重压住，使密封油经常维持一定的量。

活塞油沟可以由若干个堰把圆周分成若干个区段，该堰的作用是为了防止当活塞倾斜时由于密封油流向低的一侧而造成高侧油位的不足，能使在高的一侧的堰区段也保持充足的油位。堰的顶端向侧板下斜，当由于某种原因，一处的油泵暂时停止运转时，油可以从相邻区段流入，以便于保持所需要的油位。

日常的检查是检查活塞油沟的油位是否符合标准，活塞油沟的标准油位由设计单位订出。活塞油沟内标准油位线的上下波动值取决于底部油沟内油位波动值 ±10mm 时对活塞油沟油位的影响。

当密封机构检查、修补等时，需把密封油全量卸到底部油沟。在确认把煤气柜内的煤气全部置换成空气之后，才能打开活塞油沟的卸油卸水阀将密封油卸到底部油沟内。

8.3.8 活塞倾斜度的测量

活塞靠导轮的导向来保持水平。当活塞升降时，由于密封装置的摩擦力或侧板的温度差而产生的活塞倾斜超过允许值时，就必须依靠调整导向导轮来矫正。

使用设在侧板立柱的南北向及东西向共四处的活塞倾斜测定器来测定活塞的倾斜度，在某一段的侧板接缝处对准刻度，随着事先约定的口令同时计测。

日常的检查是检查活塞的倾斜是否超过允许值，活塞的倾斜允许值为侧板内径的1/500（即 $D/500$）。

8.4 屋顶

8.4.1 屋顶换气楼的进入

进入换气楼的门平时应该上锁。

进入换气楼前应先确认以下事项：

（1）活塞上部空间空气中一氧化碳含量不超过 30mg/m^3（即0.0024%）。

（2）活塞运行区间处在上半部。

（3）征得运转人员的同意。

（4）至少应有两个人同行（一个人在内部电梯乘口处监视，一个人在活塞上作业)。

(5) 地面控制室与内部电梯乘口处的防爆扩音对讲机能正常投入。

(6) 进入气柜内作业的人员配有防爆无线对讲机。

8.4.2 日常检查事项

日常检查事项包括:

(1) 换气楼与侧板上部的防鸟网有无破漏，发现有破漏处要写入记事栏，并及时安排修补。

(2) 航空障碍灯应处于完好状态。

(3) 钢绳转向滑轮的润滑应处于良好的状态。

8.4.3 屋顶旋转平台的使用

屋顶旋转平台依靠屋顶悬挂梯搁置于固定不变的某两个侧板立柱之间，进入旋转平台是通过位于该两个侧板立柱之间屋顶活动盖板及该处的悬挂梯进入，进入旋转平台后将悬挂梯挂到屋顶上，然后两个人在旋转平台的前、后拉动传动轮的链条，旋转平台即可围绕着煤气柜中心回转。

旋转平台使用结束后，仍须停靠在原始的位置上（即具有悬挂梯的两个侧板立柱之间)，然后将悬挂梯放下来（搁置旋转平台的回转)，操作人员攀登悬挂梯并从屋顶活动盖板处离开，离开之后仍须将屋顶活动盖板盖严。

8.4.4 内部电梯乘降常识

内部电梯的技术性能为:

电梯型式	单卷筒提升吊笼式
最大载重量	240kg（最多乘员 3 人）
吊笼重量	约 800kg
额定升降速度	18m/min
最大升降行程	近似于侧板高度
防爆级别	1 区（见《爆炸和火灾危险环境电力装置设计规范》GB 50058—92)

操作方式	采用机内外操纵杆连锁操作
主要设备	吊笼升降机构、吊笼、井巷等

8.4.4.1 升降机构

正常情况下电动机经减速机带动卷筒升降吊笼，当停电或电控系统出现故障时，可用手摇机构带动卷筒进行工作，此时需切断电源。

当吊笼下降速度超过额定速度40%时，防超速下降装置动作，使紧急开关切断电源制动传动机构。

当吊笼出现超负荷，超负荷保护装置可自动切断电源。

当吊笼上升至上极限位置时，通过机械方法使限位开关动作切断电源，使升降机构制动。

当吊笼下降时，落在活塞上，通过传动机构中机械自动跟踪随动装置，可使吊笼自动停止。若机械失灵，卷筒继续放出钢绳，可自动使安全开关切断电源。

当吊笼停止在活塞上，活塞随煤气储量变化而升降，通过机械自动跟踪系统使吊笼与活塞同步升降。

8.4.4.2 吊笼

吊笼笼体内设有机内操纵杆与井巷外操纵杆连锁操作吊笼，吊笼的上部起吊装置与机械自动跟踪随动装置配合。

吊笼内操纵杆挂有操纵链，从吊笼底部下垂至活塞上，在活塞上的检修或操作维护人员随时可将操纵杆拉动处于下降位置，以使吊笼下降。

8.4.4.3 井巷

有井巷门、机外操纵杆、止动器、连锁装置，乘内部电梯吊笼的人员从柜顶井巷进入吊笼，井巷门未关时吊笼不能开动，机外操纵杆无法操作。吊笼在上升、下降或井巷以外任何位置停留时，井巷门无法打开。

8.5 油泵站

8.5.1 一般操作

8.5.1.1 泵的操作

泵的操作事项包括：

（1）在每个泵站内设置两台齿轮油泵进行密封油的循环。两台泵中一台经常用，另一台不经常用。

（2）通过控制盘上的转换开关，每周对两台泵的常用与非常用切换一次，使泵的使用平均化。

（3）各泵的压出量调节到26L/min左右，用泵压出管与吸入管之间的旁路上的针形阀来调节。测定排出量时，在测定时间内应关闭泵站前的来自底部油沟的油流入管和水流入管。当油不从底部油沟流入时，该量与浮子室的油位每分钟下降40mm相当（浮子室的底面积为1000mm×650mm）。当泵压出量过多，从预备油箱溢出的油就不是慢慢地沿着侧板内壁流下而会飞溅到活塞上。

（4）一台泵的允许运转累积时间每天为5小时。这是在极端恶劣的条件（黏度很低、气温高）下才会发生。一台泵通常每次的运转时间约为5分钟。

8.5.1.2 阀的操作

泵室内的配管，除了平常的运转之外，为了能充填油和抽出油，设有必要的旁通回路和切断阀。在阀门操作时，需注意以下事项：

（1）进行阀的操作时，必须先切断电源。

（2）把油上升管或预备油箱的密封油转至泵站或槽车上时，应慢慢地进行阀的开关操作。

（3）作业完了后就应立即把阀门设定在通常运转的状态，之后接通电源开关。

8.5.1.3 底部油沟油位的控制

底部油沟油位的控制事项包括：

（1）底部油沟油位的调节宜在阴天进行。

（2）底部油沟的油位调节误差应在±10mm以内。

（3）底部油沟的正常油位高度为120mm。

（4）底部油沟油位高度的允许波动范围为120±60mm。超过+60mm时要从浮子室把油抽出去，未达到-60mm时要向浮子室充填密封油。

（5）油位调节器的调节范围以底部油沟油、水交界面为基准面，

从 -5mm 调节到 +215mm，即调节范围为220mm。

8.5.2 运转开始前的准备工作

油泵站运转开始前的准备工作包括：

（1）在升起活塞开始煤气柜的运转之前，打开泵站前的油流入阀和水流入阀，其他的旋塞和阀门全部关闭，打开泵站油流入室顶部的检查孔注水，使底部油沟的水层高度和油泵站油流入室的水层高度均达到规定值。

（2）抬高油位调节装置，把油充填到底部油沟，当密封油从油室流到浮子室时，就停止密封油的充填，然后静置30分钟以上。

（3）慢慢降下油位调节装置，密封油流入浮子室并驱动油泵。油位调节装置下降到使浮子室的密封油流入量同油泵的排出量一致，首先把打上来的密封油充填到预备油箱，然后再充填活塞油沟。活塞油沟的油位达到设计油位（标准值）之前就停止油往浮子室流入。

（4）把油位调节装置升高到底部油沟的油位高度为120mm的位置，把密封油往底部油沟充填，密封油如果从油室溢流到浮子室就停止充填，然后静置30分钟以上。

（5）与第（3）项同，降下油位调节装置，把密封油往活塞油沟充填。

（6）把油位调节装置再一次升高到底部油沟的油位高度为120mm的位置，往底部油沟充填密封油并使密封油从油位调节装置溢流时终止。

（7）关闭油流入室顶部的检查孔。

（8）抬高油位调节装置，抽出水室中的油，放入到油室中。

（9）取下油位调节装置排水虹吸管顶部的旋塞，由这里充填水。水从排水虹吸管溢流到水室中，待水室中的水位达到排水旋塞的位置时就停止。接着，把排水虹吸管顶部的旋塞安装牢靠。

（10）把软管放入到油室的底部，通过软管充填水，打开油室排水阀，观察油室排水管出口，如果水从这里流出就停止水的充填。由油室排水管将多余的充填水排出后，就立即关闭油室排水阀。

（11）将油位调节装置再一次设定在底部油沟油位高度为120mm的位置。

8.5.3 一般性的维修和检查

一般性的维修和检查包括：

（1）应读取记录每日每台油泵的驱动时间累计值。该数值能使我们知道煤气柜和它的附属装置的状况。油的黏度低、温度高或太阳照射时，泵的驱动时间就增加。另外，温度较低时驱动时间就减少。每日每台油泵的允许驱动时间累计值为5小时，这是在极端恶劣的条件下发生的（黏度低、温度高）。

（2）每天应从油室排水。打开油室的排水阀，观察从水室内的排水管处流出的水。排水需经油室的排水阀实行，绝对不要用手动泵排水。如果水不流时，就关闭油室的排水阀。如果该排水阀一直开着，往往会流失油，所以应该注意。

（3）定期地从水室排水。排水的频繁程度决定于凝缩水的流入程度。打开水室的排水旋塞排水（同时观察排水），水若流不出来就关闭。凝缩水若非常多，即使每日排水几次还觉得不充分时，就实行较长时间的排水。如果停电就关闭水室的排水旋塞。

（4）浮子室的积水排出。检查浮子室的底部有无水积存，每月2~3次，根据情况用附属的手动泵抽出积水。有20L以上的水的情况下，要进一步增多排水的次数。

（5）水室水面上积油的排出。积存在水室水面上的油，每月淘取1~2次或用手动泵抽取。取得的油装入油室。另外，注意水室水面上油的积存不要超过15~20L，超过15~20L时要增多抽取的次数。

（6）浮子室油吸入口过滤器的检查。每月检查一次。过滤器的网不通时需清除。另外，流量计部分的过滤器也应时常清除。

（7）各室底部积存污物的抽出。每隔3~6个月用手动泵的吸入管探测各室的整个底面，根据需要用此泵抽取积存在底部的污物。从油室抽取污物时，因为该室的水减少，所以应追加补充新水。

注：油流入室和分离室因为有煤气进入，所以不能清除。

8.5.4　泵室的管理和维修

8.5.4.1　注意事项

泵室管理和维修的注意事项包括：

（1）泵室必须经常清洁而且不潮湿并可靠地闭锁。

（2）另外，为了整个装置保持正常的运转，泵电机和浮子开关的轴承部分根据需要请充分地给油。

（3）在泵室实行修理作业时，要切断两个泵的电源开关。另外，如果作业完了，要注意立即闭合电源开关。

（4）实行修理作业时，泵站每隔一个进行。同时两个以上的泵站处于停止状态时应该避免。

（5）另外，要注意无论在任何情况下同一泵站内的两台泵不能同时驱动，以避免密封油往活塞上飞溅。

8.5.4.2　泵的拆下

泵拆下与安装的事项包括：

（1）在泵的修理和拆下时，要切断两台泵的电源开关，并关闭泵吸入管的闸阀。

（2）拆下泵的吸入和排出侧的管端的法兰要用盲板（或法兰盖）可靠地封闭。

（3）有一种情况是当其中一台泵可以使用的状态，因为它的运转可以维持，所以上述作业一完了，就只需将该泵的电源开关闭合。

（4）再一次安装泵的时候，两台泵的电源开关实行断开。如果安装完了，就打开吸入侧的阀门，只闭合该泵的电源开关，试验其是否能正确地运转。当浮子开关能使该泵的运转自动停止之后，就闭合另一台泵的电源开关。

8.5.4.3　逆止阀的拆下

逆止阀拆下与安装的事项包括：

（1）逆止阀拆下时，应先切断两台泵的电源开关，把油上升管的密封油返回到泵站之后实行。

（2）如果逆止阀中的一个可以使用，那么由于拆下的阀的管端的法兰用盲板（或法兰盖）可靠地封闭，就只限于一台泵可以使用（与8.5.4.2节的情况一样，盲板安装完了之后，只闭合可以使用的这一台泵的电源开关）。

（3）再一次安装逆止阀时，切断两台泵的电源开关，在油上升管放空的情况下实行。如果安装完了，这一台泵的电源开关闭合，按照浮子开关自动地停止之后，再闭合另一台泵的电源开关。

按照这么做，可以避免两台泵同时启动。

8.5.5 异常及其对策

8.5.5.1 泵每天的驱动时间过长

泵每天的驱动时间过长是因为活塞密封装置部分油流下量增大的缘故，应修理密封装置的故障处所。

8.5.5.2 泵每驱动一次的工作时间过长

泵每驱动一次的工作时间过长是由于泵的损伤或磨耗造成排出量减少时，应关闭泵站前的油流入阀和水流入阀，在停止油流入的状态下测定泵的排出量。如果排出量是26L/min以下，就稍微关闭流量调节用的针形阀，使排出量增加。即使全关针形阀，油排出量还是在26L/min以下时，应实行拆卸修理或更换。

8.5.5.3 油室不能排水的情况

油室不能排水有以下情况：

（1）打开油室排水阀时什么也流不出来。

一种情况是煤气中的水蒸气没有凝缩现象出现，油进入油室全然不含水。另一种情况是由于操作错误过量地抽出油室中的水，使得油室中的水层高度变低了。

对于出现这两种情况，应进行排水试验，即把水追加到油室中。对于后一种情况，油室中的水层高度一达到某个高度，水即从油室排水管流入到水室中。如果这样做还不行，那是由于油室排水管的下部被堆积在油室底部的污物堵塞了，应按8.5.3节的第（7）项用手动泵吸上污物彻底地清扫。

（2）打开油室排水阀时油流出来。

一种情况是油室中的水层高度比油室排水管的最下端还低的情况。另一种情况是在油室排水阀全敞开的期间，使油泵停止启动，油室内的液面变得很高，油室中的水全部被挤出到水室中的情况。

对于这两种情况，应把新水加到油室中。一方面加水一方面观察油室排水出口，水一流出来就停止。作业完了，立即关闭油室的排水阀。

8.5.5.4 停电时的对策

停电时的对策包括：

（1）停电时应将油泵站前的油、水流入管上的阀门关闭。解除停电后又需打开这两个阀门。这一要领应当切记遵守。因为长时间地持续停电时，底部油沟和油泵站的各室充满着密封油，在受到煤气压力的作用下，密封油往往会从油泵站溢出。所以在停电时应关闭油泵站前的油、水流入管上的阀门。

（2）复电时在打开油泵站前的油、水流入管上的阀门之前，应先拉掉油泵站的一台泵的电源开关，以防止浮子室在充满油的情况下两台泵同时运转时油会飞溅到活塞上。

8.5.6 手动泵的操作

使用手动泵抽出水室中的油、浮子室中的水和积存在各室底部的污物时，一只手握泵本体，另一只手握摇柄，前后转动使用。

手动泵的使用方法如下：

（1）抽出水室中的油时（参见图8-1（A）处）：

1）用排水旋塞排水到水已经流不出来的位置（约为324mm）。

2）把泵的吸入管插入到导管中。

3）用手动泵抽出油（约为50mm），用水桶返回到油室中。

（2）抽出浮子室中的水时（参见图8-1（B）处）：

1）把泵的吸入管放到浮子室中。

2）用泵抽水，通过排水管返回到油室中。

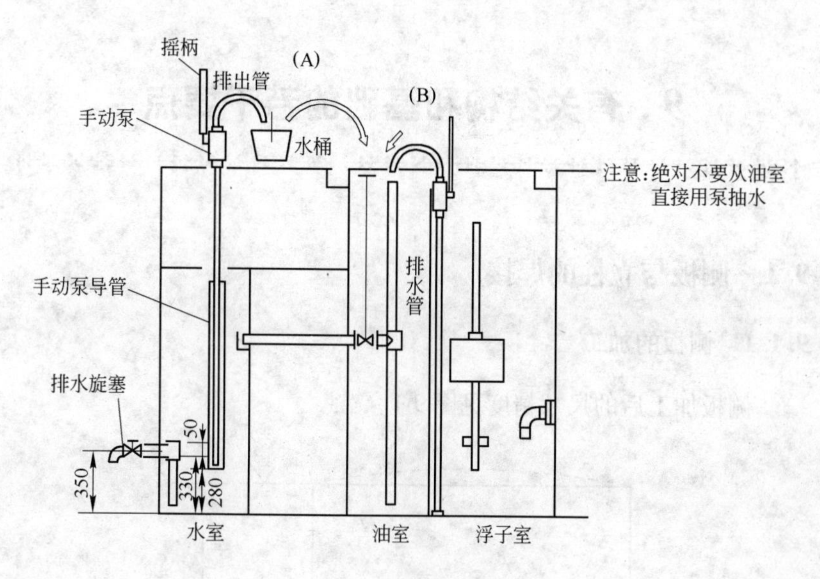
摇柄
(A)
排出管
(B)
手动泵
水桶
注意:绝对不要从油室
直接用泵抽水
排水管
手动泵导管
排水旋塞
50
350
330
280
水室
油室
浮子室

图 8-1 手动泵的操作

9 有关结构和基础的若干要点

9.1 侧板与立柱的焊接

9.1.1 侧板的加工

侧板加工后的尺寸精度见图 9-1。

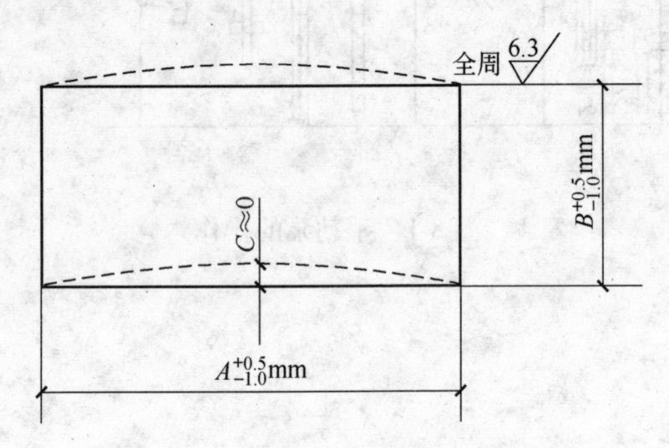

图 9-1 侧板加工后的尺寸精度

侧板的三个阶段加工尺寸精度分别为：

第一阶段：钢铁厂里用气割切成，A^{+40}_{+20}，B^{+40}_{+20}，$C\leqslant8$；

第二阶段：加工厂里用气割切成，A^{+20}_{+1}，B^{+20}_{+1}，$C\leqslant1$；

第三阶段：加工厂里机械加工成，$A^{+0.5}_{-1}$，$B^{+0.5}_{-1}$，$C\approx0$。

侧板的加工程序为：

切割→集束夹紧（10 块侧板重叠）→划线→集束钻孔→钻孔处螺栓紧固→集束端面刨边

侧板的工厂焊接为侧板与加强筋的焊接，采用自动焊接，为防止焊接变形采用专门的胎具并采取特有的措施。带加强筋的侧板往现场搬运时，使用与侧板弯曲相符合的搬运胎具，使侧板在不变形的状态下搬运。

9.1.2 一般部分侧板与立柱的焊接

一般部分侧板与立柱的焊接节点样图见图9-2。

侧板与立柱、侧板与加强筋在焊接前先定位、紧固，紧固用的特殊螺栓为缩颈螺栓，然后再施焊。焊好后先对螺栓头施行紧密焊接，后将缩颈螺栓拧断，对螺孔施行填塞焊，然后再用砂轮机将塞焊处打磨平整。

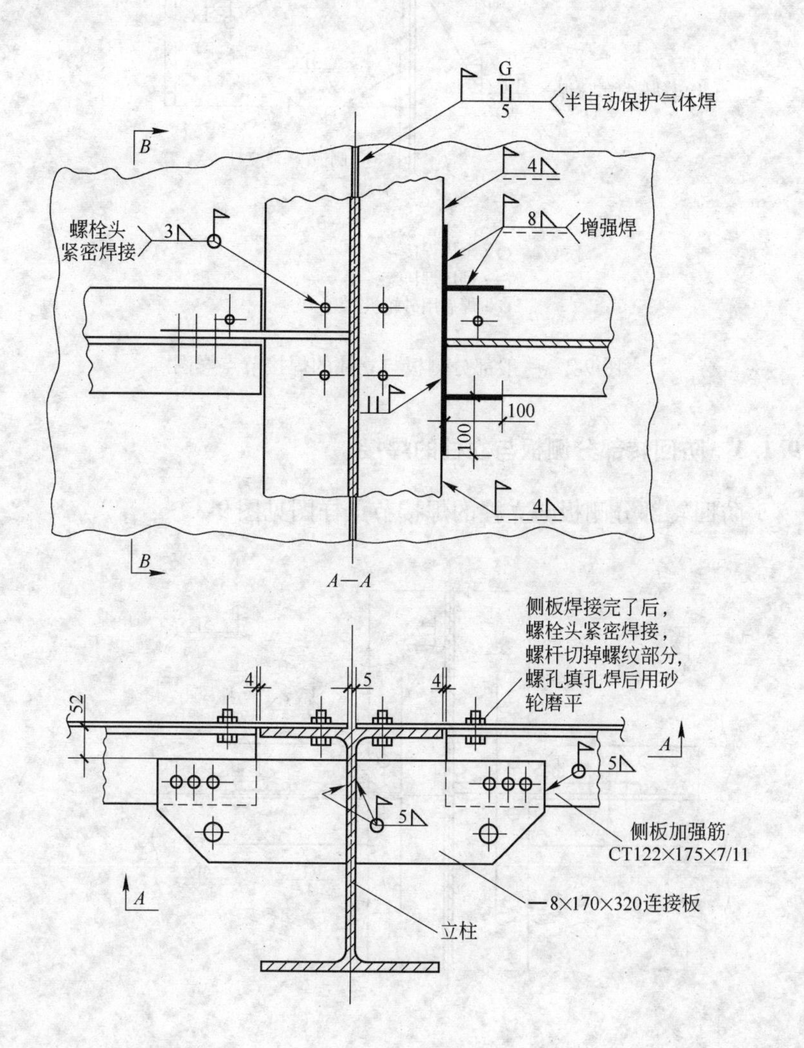

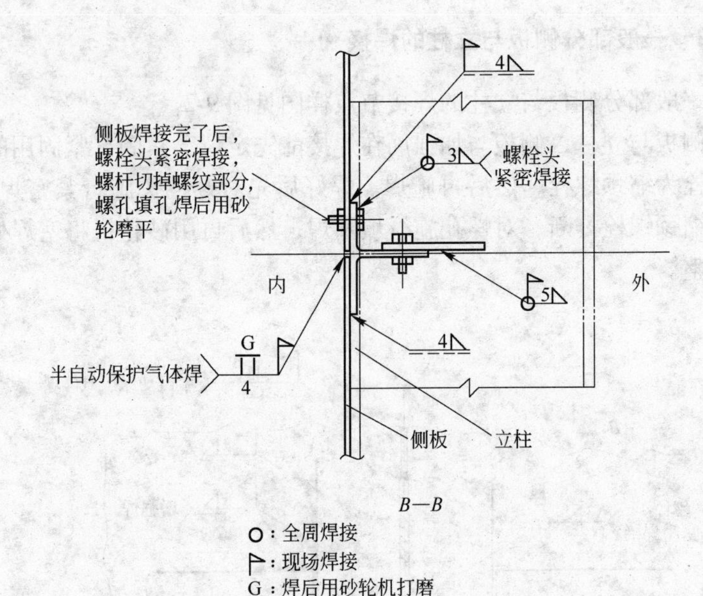

图 9-2　一般部分侧板与立柱的焊接节点样图

9.1.3　防回转部分侧板与立柱的焊接

防回转部分侧板与立柱的焊接节点样图见图 9-3。

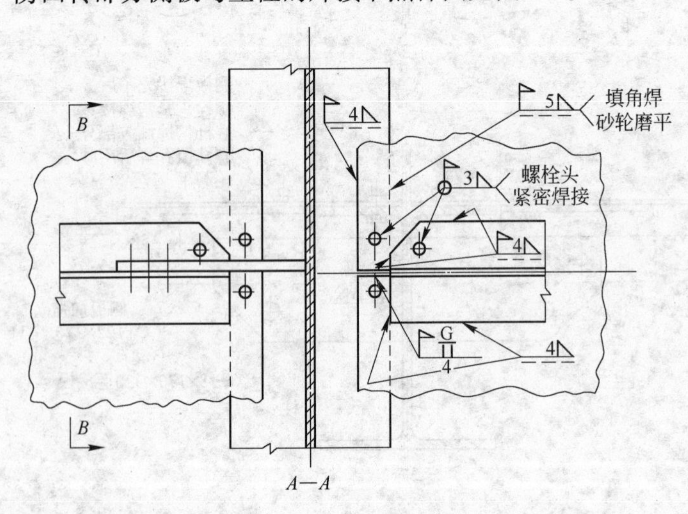

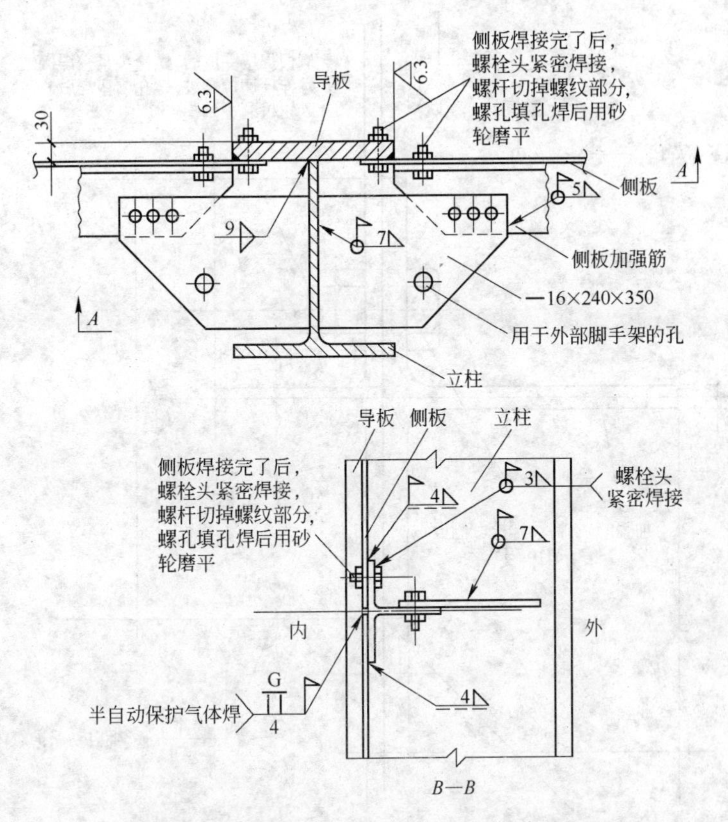

图9-3 防回转部分侧板与立柱的焊接节点样图

9.2 侧板与侧板的焊接

侧板与侧板的焊接节点样图见图9-4。

9.3 侧板焊接方式的选择

侧板的焊接分内侧焊接与外侧焊接两种焊接方式。内侧焊接主要是侧板对接的横向和纵向焊接，外侧焊接主要是侧板与立柱或侧板与加强筋的角焊焊接。对焊接变形影响大的是内侧焊接，为了将内侧焊接引起的变形控制到最低限度，因此对于内侧焊接采用CO_2保护气体电弧焊或自保护药芯焊丝电弧焊。

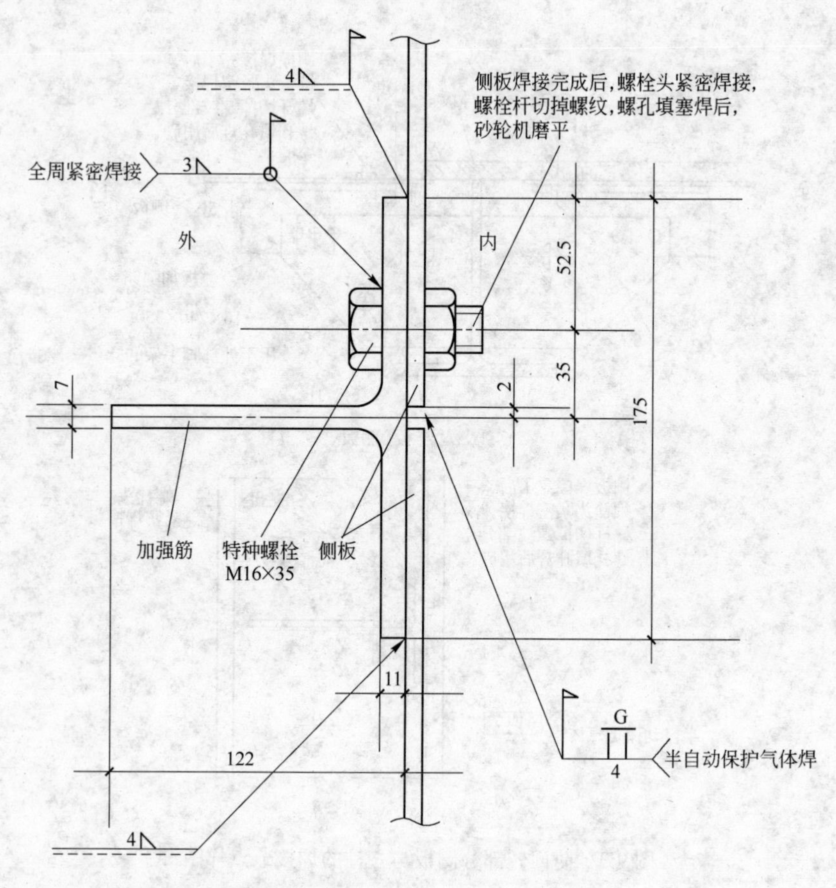

图 9-4 侧板与侧板的焊接节点样图

CO_2 保护气体电弧焊的优点为：

（1）由于焊接电流密度大，电弧热量利用率高以及焊后不需清渣，因此生产率高。

（2）CO_2 气体价格便宜，电能消耗少，焊接成本低。

（3）由于电弧焊加热集中，工件受热面积小，同时 CO_2 气流有较强的冷却作用，故焊接变形和内应力小，一般结构焊后即可使用，特别适宜于薄板焊接。

（4）焊接质量高，对铁锈敏感性小，焊缝含氢量少，抗裂性能好。

（5）操作简便，焊接时可以观察到电弧和熔池的情况，故操作容易掌握，不易焊偏，更有利于实现机械化和自动化焊接。

（6）不仅能焊接薄板，也能焊接中、厚板，适用范围广，可进行全方位焊接。

CO_2 保护气体电弧焊的缺点为：

（1）焊接时容易产生飞溅，焊缝表面成型较差。

（2）弧光较强，特别是大电流焊接时，电弧的光热辐射均较强。

（3）很难用交流电源进行焊接，焊接设备比较复杂。

（4）不能在有风的地方施焊。

自保护药芯焊丝电弧焊的优点为：

（1）焊接时熔滴呈喷射过渡，容易观察和控制。

（2）焊接飞溅小，烟尘少，焊缝表面成型美观。

（3）焊接电弧稳定，引弧容易，可进行全方位焊接，抗裂性优良，焊接工艺性能好。

（4）焊接效率高，成本低。

（5）有一定的抗风能力，可适用于室外作业。

综上所述，从综合性能上看，自保护药芯焊丝电弧焊当优于 CO_2 保护气体电弧焊。自保护药芯焊丝电弧焊，是借助于电弧热使药芯分解并气化，从而形成保护气体在某种程度上保护熔融金属，故不使用外加的 CO_2 保护气体。

外侧焊接采用手工电弧焊。

9.4 侧板的焊接程序

侧板的安装和焊接是从最下段开始到最上段结束。第 1 ~ 5 段的侧板用坦克吊安装、焊接，待活塞组装和密封机构装入后，进行第 6 段侧板的安装和焊接。接着，一方面送风浮升，另一方面逐次进行 6 段以后侧板的安装和焊接。

清扫→安装→焊接→清理，组成了侧板安装过程的四个阶段。在侧板的焊接处，要仔细地除锈，清扫到对焊接没有障碍的程度。侧板和立柱的安装，打入心轴固定侧板的四个角，预定了所定的焊接间隔后，紧固一段全周上的侧板安装螺栓后才开始侧板与立柱的焊接。在整个全周上分成若干个区间（一般情况下区间数等于立柱数的$\frac{1}{2}$ ~ $\frac{1}{3}$），各个区间内同时开展某一部位的焊接，这就是对称法焊接。

每一块侧板的焊接程序为：

（1）内面纵焊缝立向焊接——自保护焊接,等分上进后退法施焊。

（2）外面纵焊缝立向焊接——普通电弧焊,等分下进后退法施焊。

（3）内面下端横焊缝横向焊接——自保护焊接，5 等分右进跳焊法施焊。

（4）外面下端横焊缝横向焊接——普通电弧焊，5 等分右进跳焊法施焊。

综上所述，可以归纳为“内侧保护、全周对称、先立后横、先内后外”的 16 字口诀。执行好这一规则，将能把焊接变形控制在最小的限度之内。侧板的焊接程序图见图 9-5。

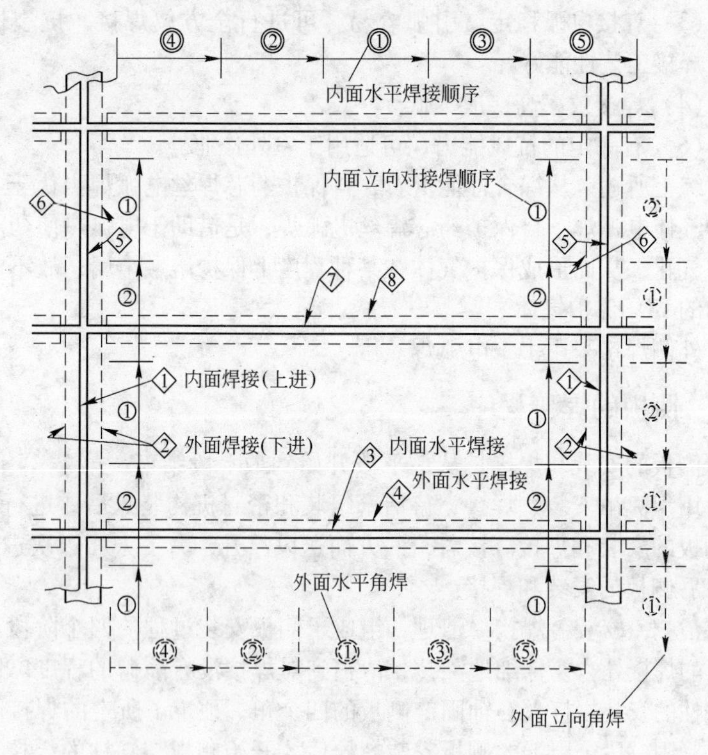

图 9-5　侧板焊接程序图

注：本图由侧板内面看

在侧板焊接完了之后，进行立柱与侧板加强筋的增强焊接和连接板的焊接。接着进行侧板与立柱及侧板与加强筋的连接螺栓的焊接。

从立体上来看，上面的一段侧板在调整、紧固，中间的一段侧板在焊接，下面的一段侧板在清理、打磨，逐次地向上推移直至终结。

9.5　特殊螺栓

特殊螺栓的安装部位如下：

(1) 用于侧板与加强筋间的连接；

(2) 用于侧板与一般部分立柱的翼缘之间的连接；

(3) 用于侧板与防回转部分立柱的导板之间的连接。

特殊螺栓是一种缩颈螺栓，现对其缩颈部分的最小直径计算如下：

被特殊螺栓连接的一块侧板及其附属加强筋的重量为：

侧板：　$185 \times 669.7 \times 0.6 \times 0.00785 = 583.5\text{kgf}$

式中　185——假定的一段侧板的宽度，cm；

669.7——假定的一段侧板的长度，cm；

0.6——假定的一段侧板的厚度，cm；

0.00785——钢板的密度，kg/cm^3。

加强筋：

$$(669.7 - 25.8) \times (1.1 \times 17.5 + 0.7 \times 11.1) \times 0.00785$$
$$= 136.6\text{kgf}$$

式中　669.7 − 25.8——加强筋的长度，cm；

$1.1 \times 17.5 + 0.7 \times 11.1$——加强筋的断面积，$\text{cm}^2$。

共计：　$583.5 + 136.6 = 720.1\text{kgf}$

一颗特殊螺栓应能承受的剪应力为：

$$235 \times 0.58 = 136.3\text{N/mm}^2 = 13.9\text{kgf/mm}^2$$

式中　235——Q235B 的常温屈服极限，MPa（N/mm^2）；

0.58——系数（对应于拉应力的折算系数）。

一颗特殊螺栓在缩颈处的最小直径 ϕ 为：

$$\phi = \sqrt{\frac{720.1}{13.9} \times \frac{4}{\pi}} = 8.12\text{mm}$$

ϕ 值取 8mm。

特殊螺栓的缩颈处最小直径 ϕ 值还可通过试验最后修正，使一颗特殊螺栓不但能承受 720.1kg 的重力，还能被强力扳手所拧断。

特殊螺栓的制造图见图 9-6。

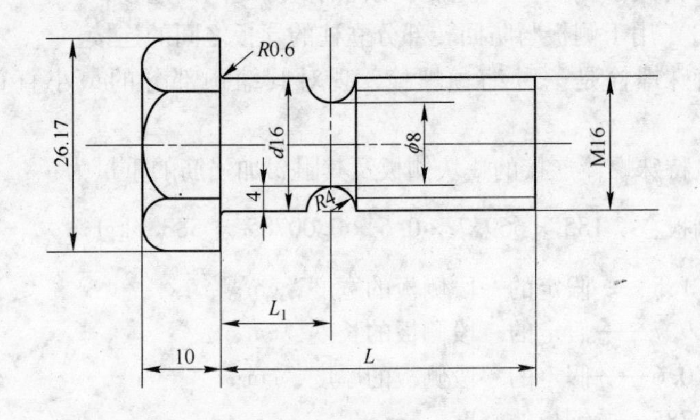

图 9-6　特殊螺栓

注：1. 特殊螺栓：M16 × L，材质 Q235B。
除上图注明者外，其余部分技术要求
按 GB 5780—86 的六角头螺栓 C 级要求。
2. 螺母：M16，材质 Q235B。
按 GB 41—86 技术要求。

图 9-6 中，L、L_1 值计算如下：

（1）用于侧板与加强筋间的连接：

$$L = 11 + 6 + 10.8 + 4.5 \sim 6$$

$$= 32.3 \sim 33.8$$

式中 11——T型钢加强筋翼缘厚（假定选用CT 122×175×7/11）；
6——侧板厚，mm；
10.8——M16螺母厚度，mm；
4.5~6——螺栓长度余长，mm。

L选取35mm。

$$L_1 = 11 + 6 = 17\text{mm}$$

（2）用于侧板与一般部分立柱的翼缘之间的连接：

$$L = 14 + 6 + 10.8 + 4.5 \sim 6 = 35.3 \sim 36.8$$

式中 14——立柱翼缘厚（假定选用H 340×250×9/14），mm；
其余同前。

L选取40mm。

$$L_1 = 14 + 6 = 20\text{mm}$$

（3）用于侧板与防回转部分立柱的导板之间的连接：

$$L = 30 + 6 + 10.8 + 4.5 \sim 6 = 51.3 \sim 52.8$$

式中 30——防回转部分立柱的导板厚，mm；
其余同前。

L选取55mm。

$$L_1 = 30 + 6 = 36\text{mm}$$

对于10万m^3的新型煤气柜来说，M16×35的特殊螺栓、螺母约需14700个；M16×40的特殊螺栓、螺母约需9000个，M16×55的特殊螺栓、螺母约需900个，总计三种规格约需24600个，数量是可观的。

9.6 活动侧板的安装

活动侧板的安装节点样图见图9-7。

活动侧板与侧板加强筋的连接有一排皿螺栓（M12），皿孔间距40mm，为保持密封提供煤气柜径向的压紧荷载。

活动侧板与立柱的连接有竖向两行皿螺栓（M12，两行螺孔错位），皿孔间距均为40mm。主要载荷为承受活动侧板上的环向

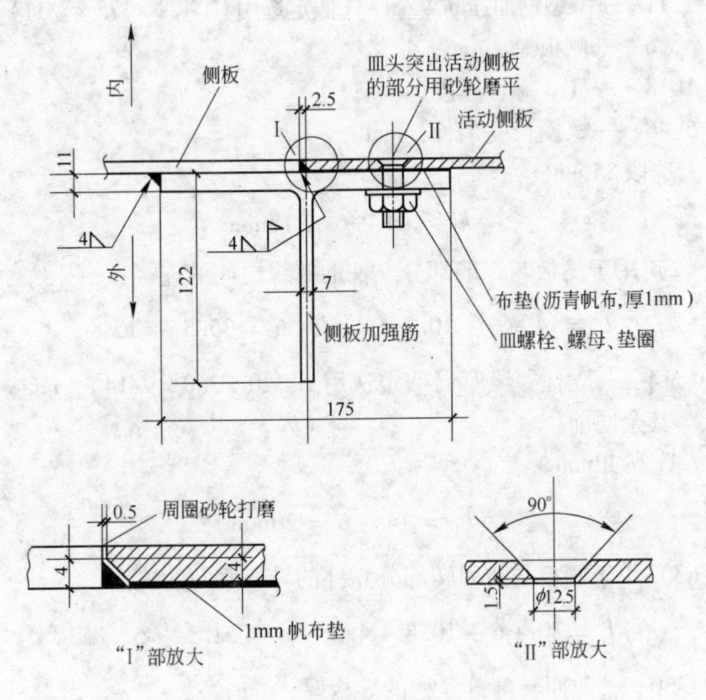

图 9-7　活动侧板的安装节点样图

应力。

立柱和侧板加强筋上的 ϕ12.5mm 皿螺栓孔的开孔加工在工厂进行，活动侧板上的 ϕ12.5mm 皿螺栓孔的开孔加工在现场安装对合后进行。

皿螺栓、垫圈和螺母宜采用不锈钢材质，以防止因暴露户外而造成锈结。

进出活动侧板的人孔不要开设在该活动侧板上，而要开设在它旁边的固定侧板上，以避免在制作和安装上造成麻烦。

9.7　屋顶与立柱的连接垫板

屋顶从安装开始阶段与立柱连接，到以后脱离立柱落坐在活塞上参加浮升，这其中就靠着加连接垫板与撤连接垫板来实现。

屋顶与立柱的连接垫板有以下两种规格：

（1）一般部分立柱与屋顶的连接垫板；

（2）防回转部分立柱与屋顶的连接垫板。

上述两者垫板的厚度是不同的，一般部分立柱与屋顶的连接垫板厚度 δ_a(mm)为：

$$\delta_a = \frac{D_o - D_{Ro}}{2} - (1 \sim 2) \tag{9-1}$$

式中 D_o——侧板外径，mm；

D_{Ro}——屋顶外径，mm。

δ_a 值取决于活塞的荷载，与煤气柜的容量大小有关，如 10 万 m^3 煤气柜 δ_a 取 79mm，20 万 m^3 煤气柜 δ_a 取 118mm。

防回转部分立柱与屋顶的连接垫板厚度 δ_b（mm）为：

$$\delta_b = \delta_a - \delta - \delta_G \tag{9-2}$$

式中 δ——侧板厚度，mm；

δ_G——防回转立柱导向板的厚度，δ_G 取 30mm。

连接垫板与立柱的连接螺孔及连接垫板与屋顶的连接螺孔，两者的个数与直径均相等，均应承载起两立柱间扇形区间屋顶上的荷载。

连接垫板的使用仅限于与第 1 节立柱的连接，这是一种过渡性的临时结构。待屋顶浮升至终点时，屋顶直接连到最后的一根立柱上（该节立柱本身就带着凸出的与屋顶直接连接的接板）构成了永久性结构。

9.8 屋顶梁与屋顶板

屋顶梁骨架呈圆拱形，屋顶梁由径向主梁与各圈环向梁交织构成，屋顶梁在中心附近止于屋顶中心环，屋顶梁的外周止于屋顶外环板并与立柱连接。在屋顶中心环处承载着换气楼、塔楼平台及内部电梯的荷载。

屋顶板铺设在屋顶梁上，采用焊接连接，见图 9-8。

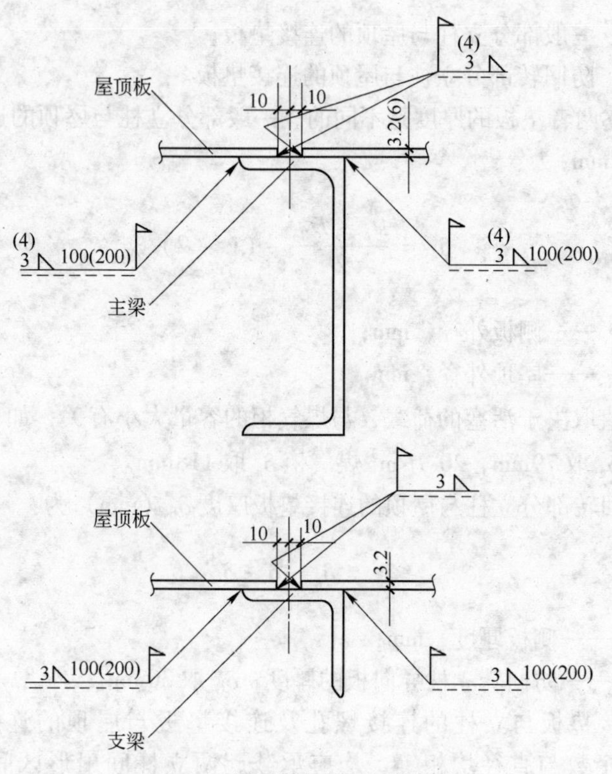

图 9-8　屋顶梁与屋顶板的焊接

9.9　关于活塞结构的整体刚性

活塞结构的组成为活塞环梁（脚环）、活塞梁、导向桁架、上部走廊（详见图 9-9）。

活塞环梁内充填着为平衡煤气压力用的大量的素混凝土，此外还承载着整个活塞的重力荷载和施工阶段屋顶的临时荷载（在施工过程中活塞环梁内暂不充填素混凝土，充填混凝土要在施工快结束前进行），活塞环梁的内圈壁板还承受着由煤气压力引起的沿着径向活塞梁的压应力，活塞环梁的外圈壁板还承受着活塞油沟内由于密封油的高度而引起的侧压力，活塞环梁的顶部封板是受力很大的导向桁架立柱的连接部位。因此，活塞环梁的周边壁板要有足够的厚度并且对活塞环梁内腔施行加筋补强来保持其刚性结构，从而保持活塞油沟的宽

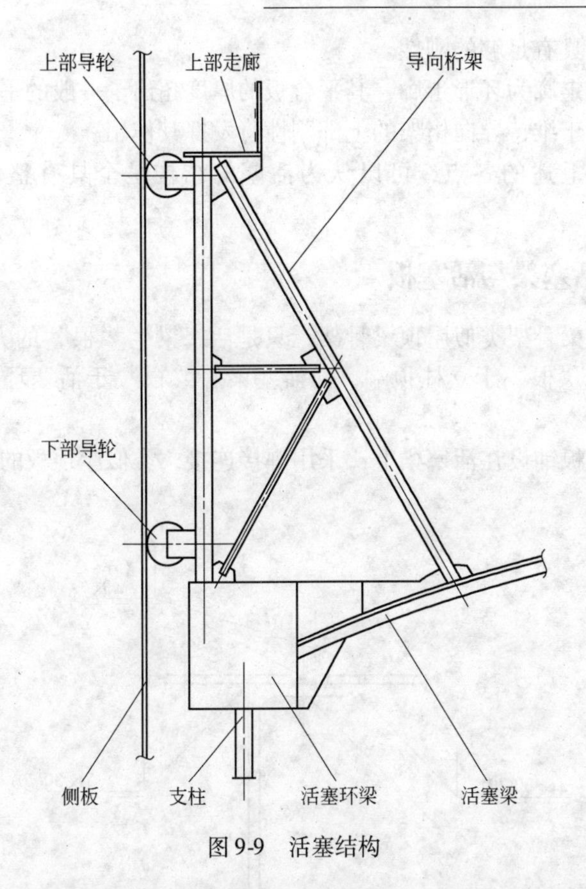

图9-9 活塞结构

度不变，这一点对于活塞的密封效果也是至关重要的。活塞环梁内的素混凝土如何才能密实地填入到各个角落而不出现空洞并填充到一个高度平面内，此问题对活塞未来的运行倾斜度大小至关重要，在设计的细节上应该为施工多考虑些措施。

活塞梁平衡着由煤气压力引起的沿着活塞径向的压应力，并使活塞环梁成为一个刚性环。它的主梁断面超出了屋顶主梁的断面，就足以说明其结构的刚性超过了屋顶结构的刚性。

导向桁架承受着由于活塞倾斜而产生的倾翻力矩，导向桁架的立柱承载着活塞顶升阶段屋顶的临时荷载而呈现出的压应力，还承载着在施工过程中活塞处于悬吊状态时活塞荷重所呈现出的拉应力（与前者不同时出现）。其立柱与斜撑的断面超过了活塞主梁的断面，使导向桁架具有足够的刚性。

上部走廊为环形走廊，其平台板的厚度超出了一般的平台板的厚度，这对于维持导向桁架的上部刚性将发挥其作用。

综合上述的各点，可以认为活塞的结构是个具有整体刚性的结构。

9.10 活塞梁与活塞板

活塞梁骨架类似屋顶梁骨架，只是活塞梁生“根”的方式不同，屋顶梁生“根”于立柱顶端，而活塞梁生“根”于活塞环梁的内侧壁上。

活塞板铺设在活塞梁上，采用焊接连接，类似屋顶板的焊接，见图9-10。

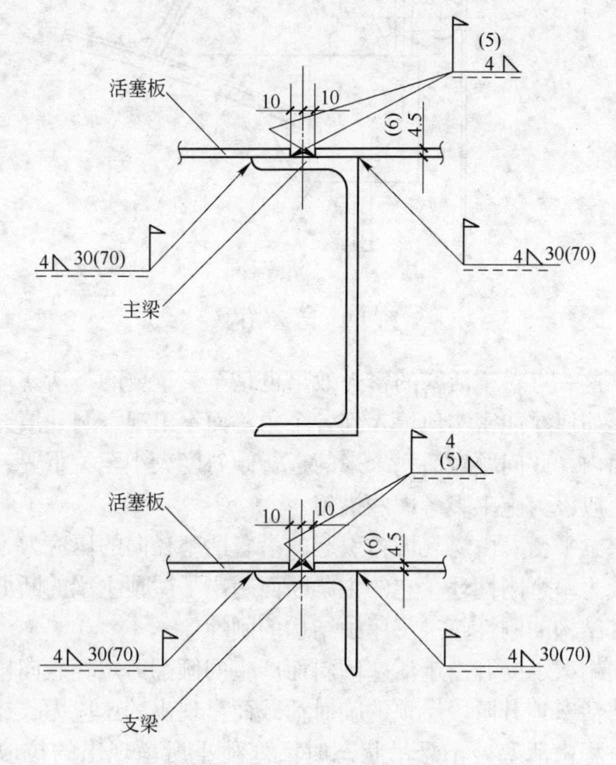

图9-10 活塞梁与活塞板的焊接

在主梁与支梁的连接缝隙处，活塞板与活塞板之间加焊连接板来堵漏，详见图9-11。屋顶板的堵漏也类似于这种方式。

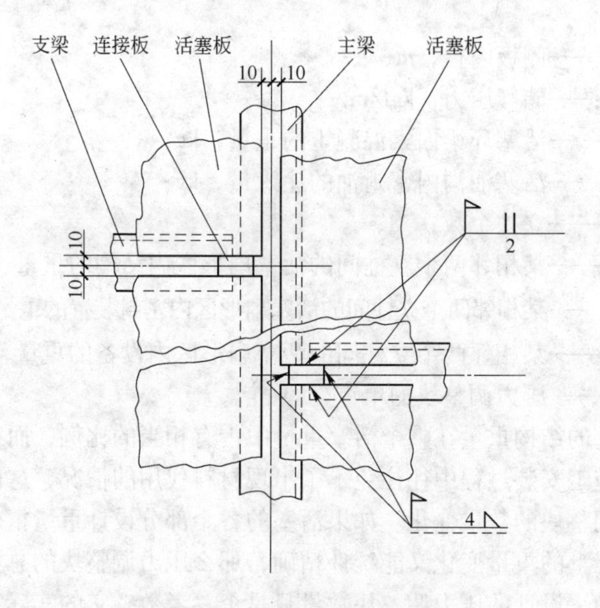

图9-11 堵漏连接板的焊接

9.11 活塞压力调整块的分布与调整

活塞压力调整块用于平衡煤气压力和调整活塞的倾斜。每个调整块的重量约28kg，调整块内浇注有一圈 ϕ6mm 的钢筋，每个调整块的大小为400×300×100（长×宽×厚，mm），调整块的混凝土配合比为1∶3∶6（水泥∶砂∶砾石，其中砾石的最大直径为15mm），混凝土的密度约为2.25g/cm^3。

由于在每相邻两个立柱间的活塞扇形区内设备和结构的重量各不相同，故每相邻两个立柱间的活塞扇形区内压力调整块的数量也各不相同。压力调整块调整的结果应达到每相邻两个立柱间的活塞扇形区内总重量力矩均相同，这样才能收到理想的效果。

某相邻两个立柱间的活塞扇形区内压力调整块的数目 B_i 应按照下式计算：

$$B_i = \left(\frac{\frac{\pi}{4}D^2 p - W_{b.d} - W_o}{n} - W_c^i - W_s^i - W_m^i \right) \frac{1}{q} \qquad (9\text{-}3)$$

式中 D——侧板内径，m；

p——储气压力，kgf/m^2；

$W_{b.d}$——活塞环梁内素混凝土的重量，kg；

W_o——活塞油沟内密封油的注入量，kg；

n——立柱个数；

W_c^i——某相邻两个立柱间的活塞扇形区内结构的重量，kg；

W_s^i——某相邻两个立柱间的活塞扇形区内密封装置的重量，kg；

W_m^i——某相邻两个立柱间的活塞扇形区内设备的重量，kg；

q——压力调整块的单重，kg/个。

活塞的结构重量在整个活塞重量中占有相当的比例，而在构件的制作与施工安装过程中往往免不了出现材料代用的情况，这就会影响到压力调整块的数量变化。如果活塞的各个部分设计重量精确，制作上和施工上的重量变化又能统计精确，那么压力调整块的总数也就能做到精确。设计的压力调整块数量只是个参考数，它的实际需要数量要在施工过程中确定。因此，活塞压力调整块不要过早地按照设计数量预制作，以免造成不必要的浪费。

9.12 回廊

回廊虽说是附属结构，但绝非可以随意设计。回廊的设计要遵循一个原则，即不能对侧板壳体施加任何焊接影响。于是走台板的外圈采用焊接，走台板的内圈及走台板与立柱支座处的连接为螺栓连接。回廊支座与煤气柜立柱外侧的连接采用螺栓与焊接连接。

从回廊的构造特点来看，可分为屋顶回廊与中间回廊两种类型。

9.12.1 屋顶回廊

屋顶回廊要宽一些，这是因为屋顶外周半径比侧板外周半径要小一个安装垫板的厚度，而屋顶回廊的外周与中间回廊的外周是相等的，故屋顶回廊比中间回廊就要宽一个安装垫板的厚度。

屋顶回廊走台板的外圈梁要吊挂一圈防风挡板（约1.8m高）。在回廊走台板上要考虑屋顶及屋顶回廊的区域排水，因此每两立柱间的屋顶回廊走台板上需建排水管导出或考虑其他应对措施。屋顶回廊外圈梁因两煤气柜立柱间有若干个支撑加强，故外圈梁的槽钢断面尺寸与中间回廊处相比要小一些。

9.12.2 中间回廊

中间回廊相对于屋顶回廊要简单一些，但遇到以下情况需做特殊处理。例如，在煤气紧急放散管处，回廊的宽度需做局部加宽处理；在预备油箱处需加设附属平台；机械式内容量计的刻度盘处的回廊是否需要加宽加固视情况而定；与外部楼梯及外部电梯的衔接要处理好。中间回廊的外圈梁因仅支承于相邻两立柱处的支座上，且中间处无支撑加强，故中间回廊外圈梁的槽钢断面的尺寸就大一些。

9.13 外部楼梯间

外部楼梯间目前有两种布置方式：一种是在二或三个立柱间往返；另一种是沿外部电梯竖井盘旋上下。前者破坏了侧板圆周方向的对称性，后者对侧板圆周方向的对称性影响有限。而侧板圆周方向对称性会影响到侧板的密封效果，从而会造成油流下量与油泵日启动次数不同。若是从这方面观察，外部楼梯间做成沿外部电梯竖井盘旋上下要好一些。

9.14 有关基础的若干要点

煤气柜柜本体的基础，沿侧板周边设置一环形基础承台，中间为圆拱形混凝土基础板，中心部位有中心基础承台。

9.14.1 基础的荷载

环形基础承台上承受着立柱的轴向荷载，包括：

（1）除去活塞之外的柜本体自重分配到每个立柱的荷载；

（2）风荷载或地震荷载两者中的一个较大值分配到每个立柱的荷载。

除上述之外，当活塞着陆时，活塞的荷载将通过活塞支座作用于环形基础承台上。

中间圆拱形混凝土基础板承受的荷载包括：

(1) 煤气柜的内压；

(2) 圆拱形底板重；

(3) 施工过程中安装用汽车吊走行时所产生的临时荷载（汽车吊能力可按30t计）。

中心基础承台的荷载包括：

(1) 换气楼的自重；

(2) 内部电梯及其平台自重；

(3) 屋顶板及屋顶梁的自重；

(4) 安装用中央台架的自重。

9.14.2 对基础的沉降量要求

基础的最大沉降量不应超过10cm，基础的相对沉降量不应超过2cm。

煤气柜从工艺使用的角度来衡量煤气柜的相对沉降量为小于直径的1/1000，这一要求超过了2cm的要求。即基础的相对沉降量小于2cm时，一般来说肯定地会满足工艺上的要求。

9.14.3 对柜本体附属基础的要求

煤气柜出入口管道的承台及油泵站的基础，应与柜本体的基础连在一起，以便于和煤气柜本体的沉降相一致。

9.14.4 立柱基础螺栓的固定

如图9-12所示，在浇注环形基础承台时预留二、三次浇灌区，待立柱的基础螺栓位置确定后，即可进行混凝土的二次浇灌。待第1节立柱调整安装后，即可进行混凝土的三次浇灌。

在进行二次浇灌之前，应先校准立柱基础螺栓锚定框架的位置（到柜中心的距离允许公差±5mm，基柱间距允许公差±3mm，安装高度允许公差±3mm），然后采取措施使锚定框架不发生移动，最后

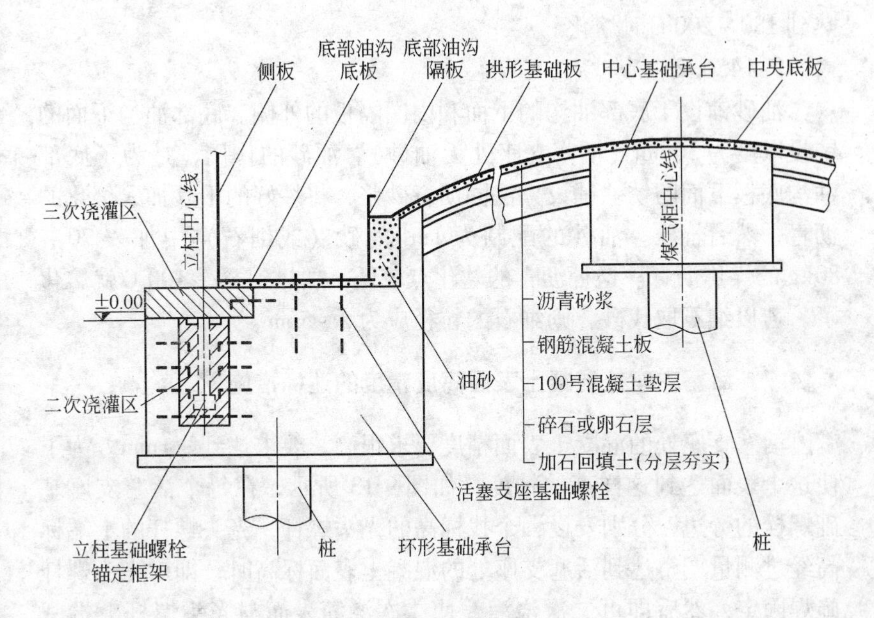

图9-12 柜本体的基础结构

才施行二次浇灌。

9.14.5 基础高度的允许公差

底部油沟下部油砂上表面允许公差为±5mm；底部油沟下部活塞支座处的混凝土表面允许公差为±1mm；中央底板下部沥青砂浆上表面允许公差为±10mm，采用网格点测量，点距为3m。

9.14.6 基础面层敷设

9.14.6.1 沥青砂浆

沥青砂浆铺设于中央部分圆拱形钢筋混凝土板的上面，铺设厚度50mm。铺设方法为先铺底层，这层河砂不用过筛，因为下面无精度要求，然后用辊子辊压。底层铺完后再铺面层，因面层有精度要求，所以河砂要过筛，要用细河砂，辊压后精度达不到要求时，要用加热的烙铁烫平。沥青砂浆的配合比为200kg砂∶20kg沥青∶20kg滑石粉。砂要在180℃下炒干，沥青采用55号道路沥青（属石油沥青），要加热到 180 ~ 200℃时熔化。

9.14.6.2　*油砂*

油砂铺设于底部油沟的下面和内圈隔板的外侧。底部油沟下面的铺设厚度为 30mm（活塞支座处无油砂）。油砂的作用，是为了底部油沟底板下面防锈。铺设方法同沥青砂浆，将炒好的干砂加入熔化的沥青，然后辊压。油砂的配制为 1m^3 的砂（或细石）中加入 70 ~ 80kg 的煤焦沥青。这种沥青的软化点较低，加热到 80 ~ 100℃就熔化了。若以细石取代砂，则细石的粒径应为 2 ~ 5mm。

9.14.7　活塞支座处混凝土表面高度精度的达标措施

活塞支座处的混凝土表面精度要求很高，要求达到 ±1mm。为了使这个表面达到这样高的精度，如图 9-13 所示，在每个活塞支座基础螺栓的旁边，分别安设一个找标高的光头螺杆，光头螺杆的上端标高经过测量调整达到活塞支座处的混凝土表面标高时，即对光头螺杆施焊固定，然后即可二次浇灌，使二次浇灌表面与光头螺杆上端一平，超过光头螺杆上端的混凝土要用木板条刮掉，使该处的混凝土表面精度达到 ±1mm。所用混凝土为 700 号。活塞支座处的混凝土二次浇灌层应与煤气柜本体基础一同施工完毕。

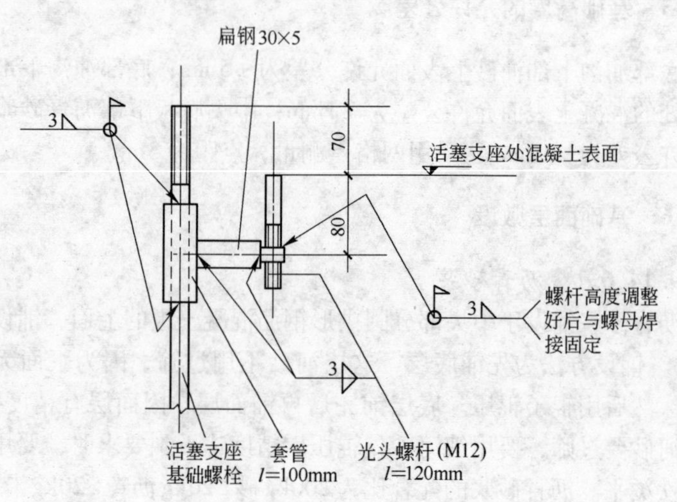

图 9-13　活塞支座处混凝土表面高度精度的达标措施

9.14.8 底部油沟的隔热措施

在北方寒冷地区应考虑底部油沟的隔热措施，以减少底部油沟的加热装置的热量（或电能）消耗，这实际上也是一项节能措施。可考虑在底部油沟的油砂层下面铺设150mm厚的保温隔热材料，在底部油沟隔板（内侧板）外也可参照图9-12，减少油砂层增设隔热层。隔热材料的导热系数为0.026~0.031W/（m·℃）为宜，承载力要求大于$2t/m^2$（若纯隔热材料达不到要求的承载力，就捣入钢筋网内，承载力由钢筋承受，保温由隔热材料担当）。侧板外底部1m以内也可考虑敷设保温层。

10 新型煤气柜安装要领

10.1 一般事项

10.1.1 说明

本要领书是针对新型煤气柜而编制的。

因为新型煤气柜是在曼（M. A. N）型煤气柜和科隆（Klonne）型煤气柜的基础上发展的，故本要领书有着重要的参考价值，并非无足轻重。

应该指出的是，新型煤气柜尚处于发展阶段，它的内容尚在不断完善，故有待于在实践中不断地补充和丰富。

10.1.2 适用范围

本要领书适用于从煤气柜的全部现场地面组装作业到调整试运转完的全过程。它只涉及煤气柜的本体而不牵扯到柜区的范围。

10.1.3 本要领的优先顺序

本要领、图纸、使用说明书、现场设计代表的说明事项构成了优先的顺序。此外，根据本要领及图纸的要求，当现场施工有困难而要变更施工方法时或当产生疑问时，应迅速会同现场设计代表协商解决。

10.1.4 一般注意事项

一般注意事项包括：

（1）安装工程开始之前，要熟读本要领、有关图纸和使用说明书。

（2）在充分领会必需的材料种类、数量、相关部件、附属品的内容的同时，准备安装工器具，安排编制符合现场条件的工程计划，以图作业的顺利推进和工程质量的提高。

（3）有关各个作业，要根据“安装精度检查表”检查每个作业的结果，要确认不出现差错。

（4）接合点要先同有关方面仔细核对。

（5）在现场进行安装工程时，工厂加工的每个部件，即使在工厂加工精度内，但从组装精度和设备质量保证的要求出发，对螺栓孔等的调整、现场接合部的调整、输送过程变形部分的校直、工厂涂漆的补修等工程，必须由担负安装工程的单位实施。

10.1.5　现场作业场和制品临时堆放场

在煤气柜的周围使用15m宽的环状地带作为现场的作业场，以便于安装第一节立柱用的重型机械的走行和作业。

从工厂运来的制品，暂时放在离煤气柜约小于2km的临时堆场处。

10.1.6　安装用机械

安装用机械包括：

（1）风机。作为7段以上的侧板组装的活塞浮升用和活塞升降试验用，应设置一台风机（大型煤气柜允许设置两台风机）。

该风机应配有专职的运转人员，禁止其他的人员运转。

（2）屋顶吊车。安装侧板、立柱等起吊用，设在煤气柜径向的对称两端，通常安设两台。

（3）空气压缩机。作为侧板内面焊接后的砂轮打磨用和紧固螺栓的冲击扳手用的压缩空气，需设置一台空气压缩机来提供气源。空气压缩机的参考规格如下：

型　式	可动翼回转形2段压缩油冷式
排气压力	0.7MPa
排气量	20m^3/min
回转数	1495r/min
额定出力	75kW
总重量	约2600kg
参考尺寸	4985mm×1685mm×1920mm（长×宽×高）

（4）内保护半自动焊接机。容量为500A；数量为立柱数的$\frac{1}{2}$。用于侧板内面焊接。

（5）手动焊接机。容量为500A；数量等于立柱数。

（6）焊条干燥炉。数量为两台，50kg、100kg各一台。

（7）其他机械。

10.1.7 安装用具

安装用具见表10-1。

表10-1 安装用具一览表

序号	用具名称	数量	备注
1	屋顶环安装用垫板	等于立柱数	屋顶和立柱安装用
2	立柱接头夹具	等于立柱数	立柱接头用
3	立柱斜撑和节点板	等于立柱数	第1节立柱安装用
4	架设用梯子	1个	
5	钢制外部悬挂式脚手架	等于立柱数	
6	屋顶回廊用临时支架	2倍立柱数	
7	内部脚手架用平台	3倍立柱数	内面3段安装
8	活塞吊材和钩子	等于立柱数	连接屋顶和活塞用
9	活塞吊材上部安装夹具	等于立柱数	连接屋顶和活塞用
10	活塞吊材下部安装夹具	等于立柱数	连接屋顶和活塞用
11	上部临时导轮组	等于立柱数	
12	悬垂板	2倍立柱数	2处安装
13	屋顶组装用中央台架	1个	可考虑一个组合式台架
14	活塞组装用中央台架	1个	可考虑一个组合式台架
15	密封装置保护橡胶及其临时吊钩	1套	防止施工时焊渣、火花落下用的临时防护设施
16	立柱高度调整件	套数同立柱数	包括轻轨、垫片及斜垫片
17	屋顶吊车中心支柱及导轨	1套	
18	立柱定中心用导架	1个	
19	立柱间距和宽度量规	1组	可测量一般部分和防回转部分两种间距
20	打入销		规格与数量需具体核算

10.1.8 涂漆要求

涂漆要求见表10-2。

表10-2 涂漆要求

序号	部位	涂漆次数			涂料类别
		工厂	现场	合计	
1	侧板内面（活塞行程范围）	1		1	底漆涂层
2	外部电梯竖井内面	1		1	氧化亚铅系涂料
3	活塞板下面煤气入口管（气柜内）内面	1	1	2	氧化亚铅系涂料
4	煤气柜侧板内面上部、屋顶内面、活塞板上面	2	2	4	氧化亚铅系涂料 酞酸系涂料
5	底板上面（油沟部分）		1	1	环氧系涂料 （焦油环氧树脂）
6	底板上面（一般部分）		√	√	注
7	底板下面		1	1	涂焦油
8	上述以外	2	2	4	氧化亚铅系涂料 酞酸系涂料

注：对于平面中央部分底板注入30mm厚的重质焦油（密度为$1.1g/cm^3$），对于拱形中央部分底板涂环氧系涂料3次。

10.2 构造概要与分部简述

10.2.1 构造概要

形状：新型干式煤气柜的本体是受到立柱和回廊补强的圆筒形外壳。

煤气储存机构：在煤气柜的内部设置活塞，该活塞的垂直行程高度与储存的煤气量相适应，是能圆滑地升降的机构并保持着一定的煤气压力。

气密机构：在滑动的活塞和侧板之间，由具有润滑装置的可挠性的特殊橡胶填料构成气密机构。靠该气密机构与稀油油位形成的静压力来密封煤气。从活塞与侧板内面的缝隙处流下的稀油靠油泵站泵入而得到补充，从而使活塞油沟的油位保持一定。

活塞构造：活塞设计成拱形，在圆周方向和半径方向由梁组装的骨架上铺设钢板。

活塞因为是拱形的，其几何形状的中心（形心）比重心高，所以当活塞发生倾斜时，逆转该倾斜的反力矩会起作用，有着自动地恢复到水平状态的功能。

导轮是钢制的，对着每个立柱在活塞导向框架的上、下成两列配置，使活塞的升降平稳圆滑。

为了防止活塞的回转，在活塞导向框架的对称的 2 个或 4 个位置上设置活塞防回转装置。

依靠活塞的重量来平衡所需达到的煤气压力，活塞上不足的重量靠往活塞脚环内灌入混凝土及在活塞上配置调整用的混凝土块来满足。

屋顶构造：屋顶也做成拱形的，在圆周方向和半径方向由梁组装的骨架上铺设钢板。

屋顶上设有煤气柜内部采光用的天窗，同时还有用于内部自然换气的换气机构。

换气机构：随着活塞的上、下，煤气柜上部的空气需要排出、吸入。另外，活塞静止时因为也需要换气，所以在屋顶中央安装换气楼的同时，在侧板最上段还设有换气用的开口部分，以便于自然换气。

升降装置：设置人、荷两用外部电梯。可停靠于地面、中间回廊和屋顶回廊处。在煤气柜内部中央，设有从屋顶降到活塞板上的内部电梯。再者，作为紧急用，还设有手动救助提升装置。

10.2.2　侧板和立柱

10.2.2.1　侧板

侧板是在制作工厂与加强筋焊在一起而运至现场工地进行安装的。

侧板圆周焊缝详细见图 10-1。

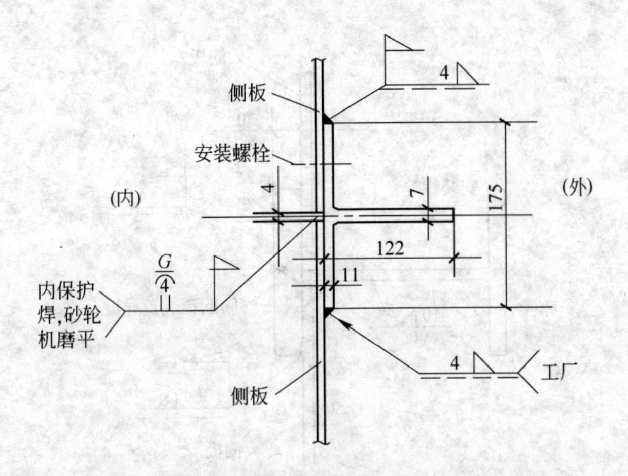

图 10-1　侧板圆周焊缝

10.2.2.2　立柱

一般部分的立柱与侧板的连接见图 10-2，带防回转装置的立柱与侧板的连接见图 10-3。

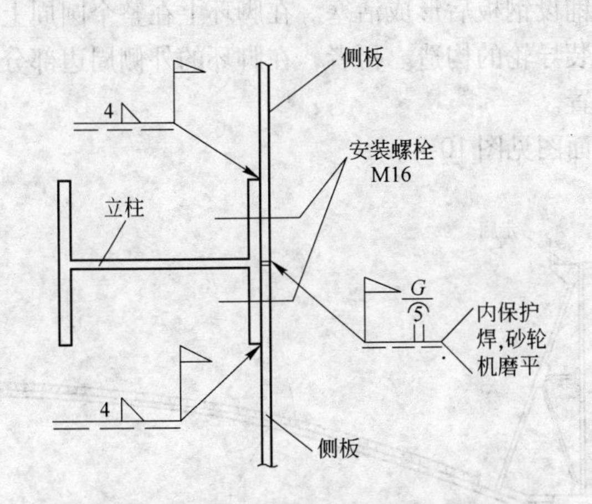

图 10-2　一般部分的立柱与侧板的连接

注：侧板安装螺栓的螺栓头处于煤气柜外侧，在侧板焊接之后，对侧板安装螺栓的螺栓头实行气密焊接。螺栓轴对着煤气柜内侧，切掉螺栓轴螺纹的外露部分，对螺孔实行填孔焊接，接着用砂轮机打磨平整。该螺栓为 M16 的特种螺栓。

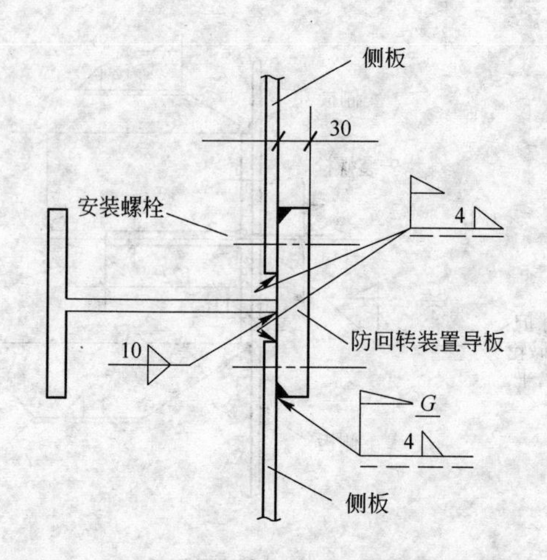

图 10-3　带防回转装置的立柱与侧板的连接

10.2.3　活塞部分

圆拱形的骨架梁生根于活塞脚环（活塞环梁）的内圈，圆拱形的骨架梁上铺设钢板后形成活塞。在脚环上在整个圆周上竖立导向框架，成为安装导轮的构造。再者，在脚环的外侧周边部分，有活塞油沟及密封装置。

活塞断面图见图 10-4。

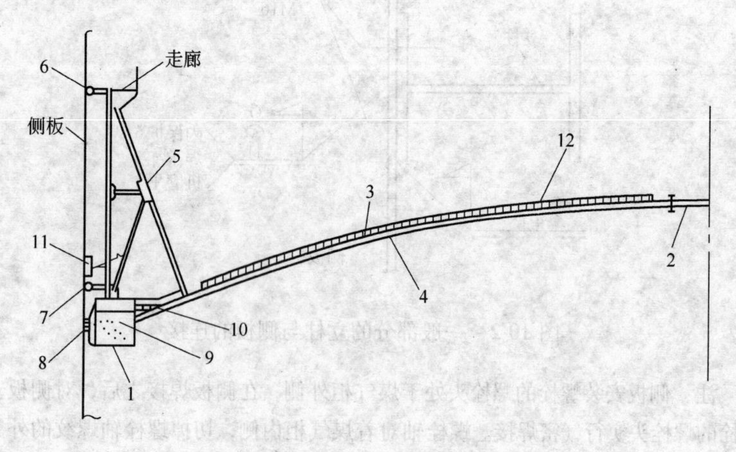

图 10-4　活塞断面图

图10-4中，1为脚环，沿活塞外周设置成环状。2为中心环，在活塞的中心部位，支承活塞板的骨架梁从这里延伸至脚环。3为活塞板，铺设在骨架梁上。4为骨架梁，支承着活塞板，活塞板铺设在它的上面使之成为气密状态。5为导向框架，活塞导轮、防回转装置安装于此处，构成活塞的导向机构。6为上部导轮，钢制的，安装在导向框架的上部，使活塞平滑地升降。7为下部导轮，钢制的，安装在导向框架的下部，使活塞平滑地升降。8为密封机构，在脚环和侧板的间隙处，维持着煤气的密封。9为素混凝土，为了压力调整用，把素混凝土充填在脚环里面。10为平衡的混凝土块，为了保持规定的煤气压力及维持活塞的水平。11为防回转装置，设于立柱的径向对称位置。容量较小的煤气柜设两个防回转装置，容量较大的煤气柜设四个，起着防止活塞回转的作用。12为活塞甲板走廊，为活塞甲板上的通路。其他有活塞上部环形走廊、梯子、内部电梯着陆平台等。

10.2.4 密封机构

煤气的密封部位设置在活塞油沟的整个周缘上。该密封机构，在耐煤气、耐油的特殊密封橡胶填料环上设置主帆布，主帆布上端连接着压向侧板内壁的密封橡胶填料，主帆布下端被压紧件压附在活塞油沟底板上，从而把密封油保持在活塞油沟内，利用油的静压力，阻止煤气的泄漏。

活塞油沟的油顺着侧板内壁流下，存积在煤气柜下部的底部油沟里，在油泵站内检测底部油沟油位的增加值，待底部油沟的油位高度达到上限值时自动启动油泵，靠油上升管把油自动地补充到活塞油沟内。

密封橡胶填料环在煤气柜的直径方向是挠性的，它悬挂在环形横梁上，利用杠杆、配重机构通过弹簧板压向侧板。

密封机构的形状、各部名称见图10-5。

10.2.5 底板

底板分为外周部分和中央部分。外周部分成为底部油沟的底板，采用6mm的钢板；中央部分接纳着煤气中的冷凝水并经由排水管导

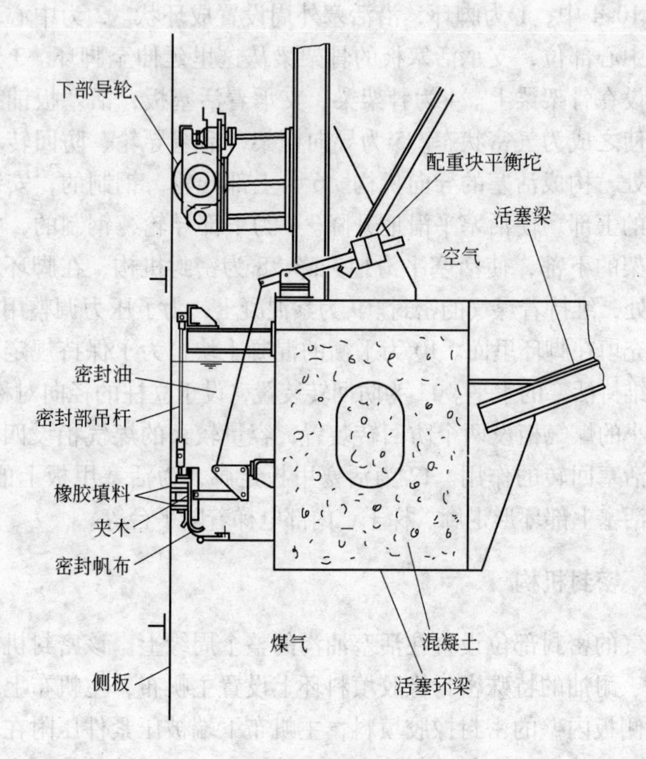

图 10-5 密封机构

出。中央部分底板目前有两种类型：一种是与外周部分处在同一个水平面上的平面形；另一种是较之外周部分抬高了的球面形（圆拱形），钢板厚度均为4.5mm。对于中央部分的两种类型，考虑到底板焊接后的收缩规律不同，故底板的排列方式也不同。

10.2.6 回廊

回廊由中间回廊、屋顶回廊构成，回廊平台板的外周由回廊外周环梁支承，回廊平台板的内周由侧板T型钢加强筋支承。回廊外周环梁又由安装在立柱上的回廊支架支承。回廊平台板在内周用螺栓固定，在外周施加焊接，以避免影响壳体的变形。回廊平台板内周缝隙用油腻子充填以避免雨水沿壳体下流。回廊的布置图见图10-6。

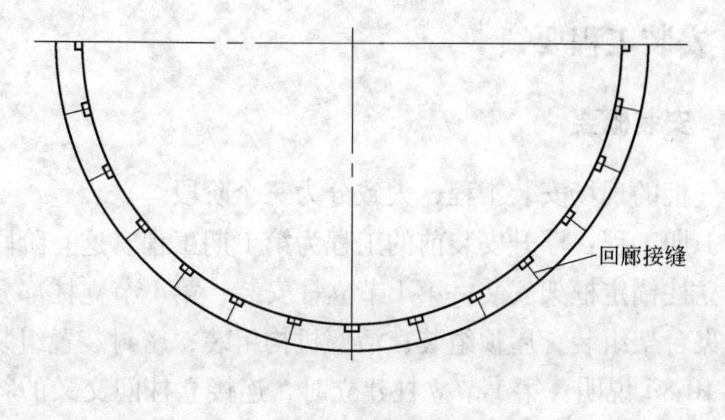

图 10-6 回廊

10.2.7 屋顶

屋顶固定在立柱的顶端，具有拱形的形状。在其中央部分安装换气装置和内部电梯。另外，在屋顶的中间部位设置天窗供柜内自然采光用。

屋顶断面图见图 10-7。

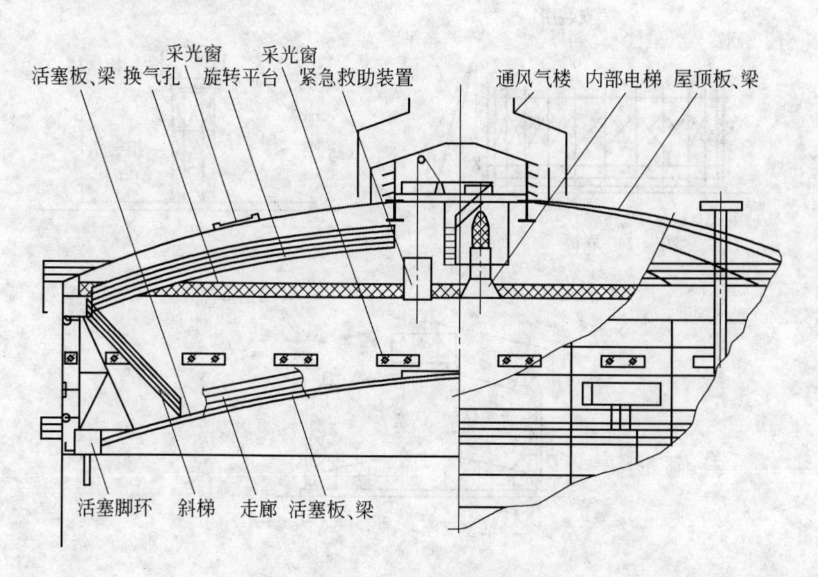

图 10-7 屋顶断面图

10.3 安装工程要领

10.3.1 安装概要

煤气柜的现场安装工程，大致分为三个阶段。

第 1 期工程：浮升安装前的工程为第 1 期工程。这一阶段的工程包括：立柱锚定框架安装；第 1 节立柱安装；第 1 节立柱部分侧板安装；中央台架组装；屋顶组装；活塞机构组装；密封装置组装。

图 10-8*a* 说明：第 1 节立柱建立时，连接立柱间交叉的斜撑，维持立柱间的固定，也是作为防风的一种对策。在第 1 节立柱顶部安装屋顶回廊，安装屋顶回廊是保持立柱的垂直度和正圆度的一项措施。安装下两段侧板，侧板用坦克吊起吊。安装第 1 节立柱与煤气柜底板的敷设、焊接是相互平行的作业。

图 10-8*b* 说明：组装中央台架，安装屋顶和塔楼。

图 10-8*c* 说明：拆除支承屋顶的中央台架，施工活塞支座，施工活塞环梁（脚环），设立支承活塞梁、板的临时支柱，施工活塞梁、

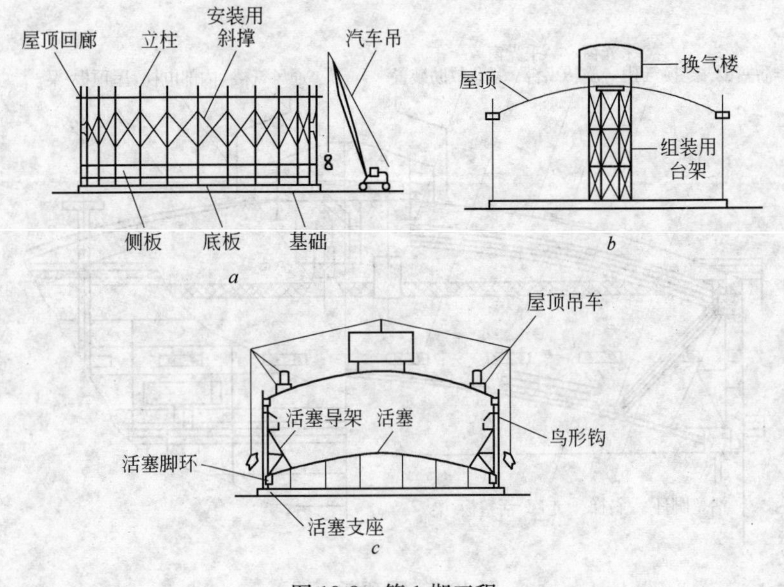

图 10-8 第 1 期工程

板，施工活塞导架，安装活塞导架与屋顶间的连接部件（鸟形钩），安装屋顶吊车两台，用屋顶吊车起吊侧板，安装密封机构。

第2期工程：立柱与侧板的浮升安装过程为第2期工程。

在第2期工程开始时，屋顶与立柱已经分离，屋顶与活塞是通过连接部件（鸟形钩）连接在一起的。用检修风机鼓风，使活塞以下空气压力达到2500～3000Pa，然后开始活塞的浮升作业，活塞每次浮升的间距为一段侧板的高度。随着活塞的浮升，进行立柱和侧板的施工，相应地进行中间回廊、外部楼梯、外部电梯竖井的施工，见图10-9*a*。

除了最上段之外的侧板安装完了之后，恢复屋顶与立柱的连接，此时的活塞处于悬吊状态。在活塞处于悬吊状态时，安装最上段的侧板，进行活塞上部导轮的安装与调整。

上述完成之后，撤去活塞连接屋顶的部件（鸟形钩），使活塞降下，见图10-9*b*。

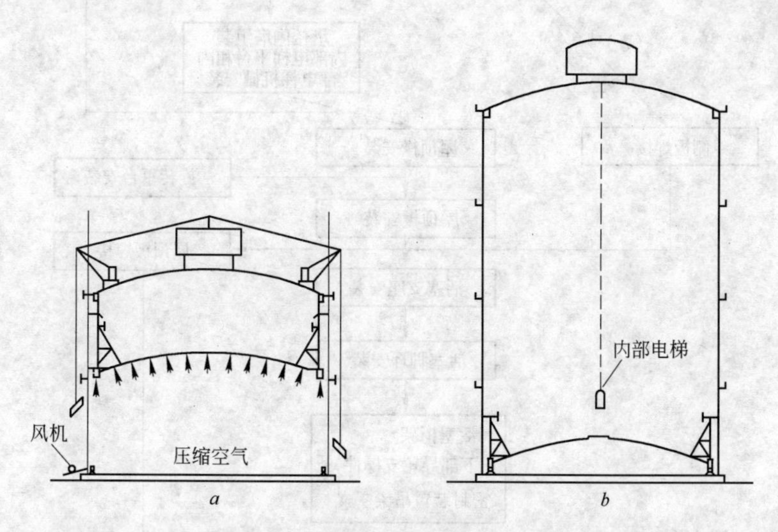

图10-9 第2期工程

第3期工程：从活塞着陆到安装工程完了为第3期工程。这个过程包括外部涂漆、内部清理，往活塞环梁（脚环）内充填素混凝土，搬入压力调整块，封闭侧板的开口部分，充填密封油，试运转及各种试验。

10.3.2　安装作业流程图（图 10-10）

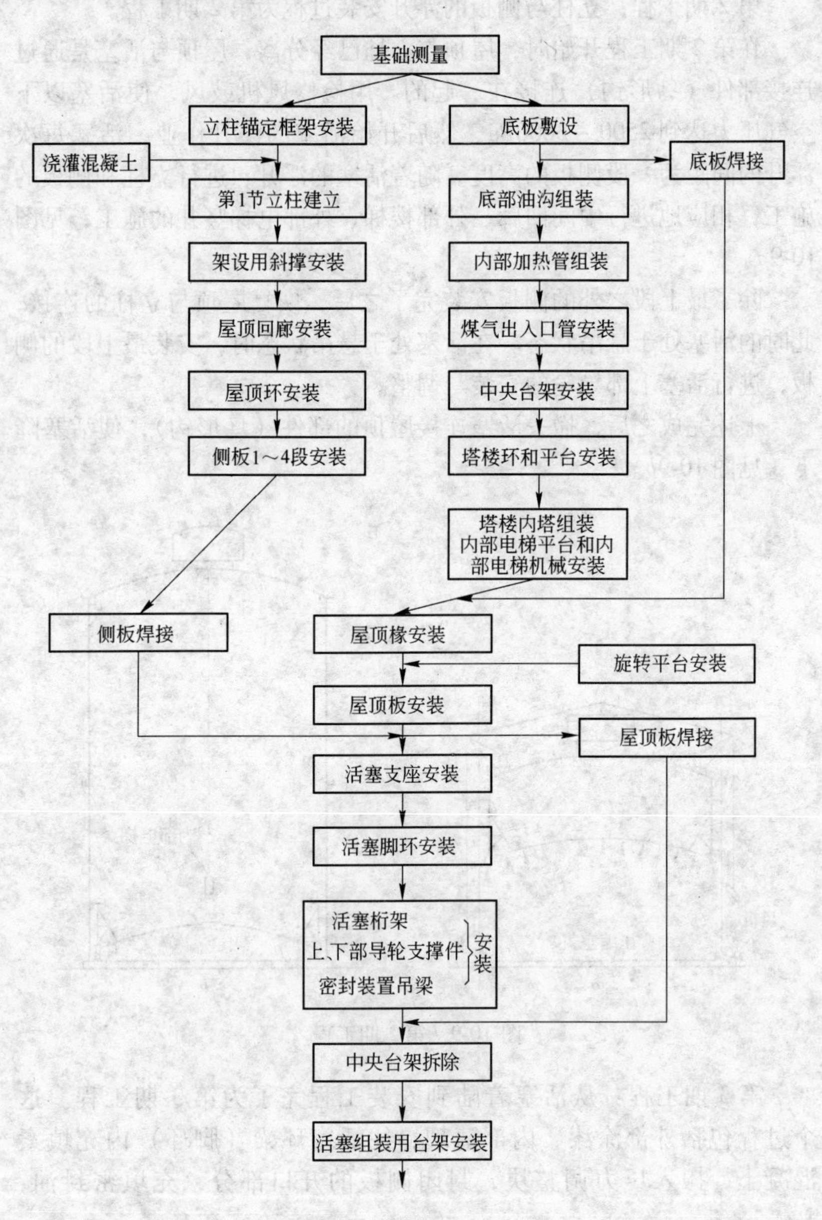

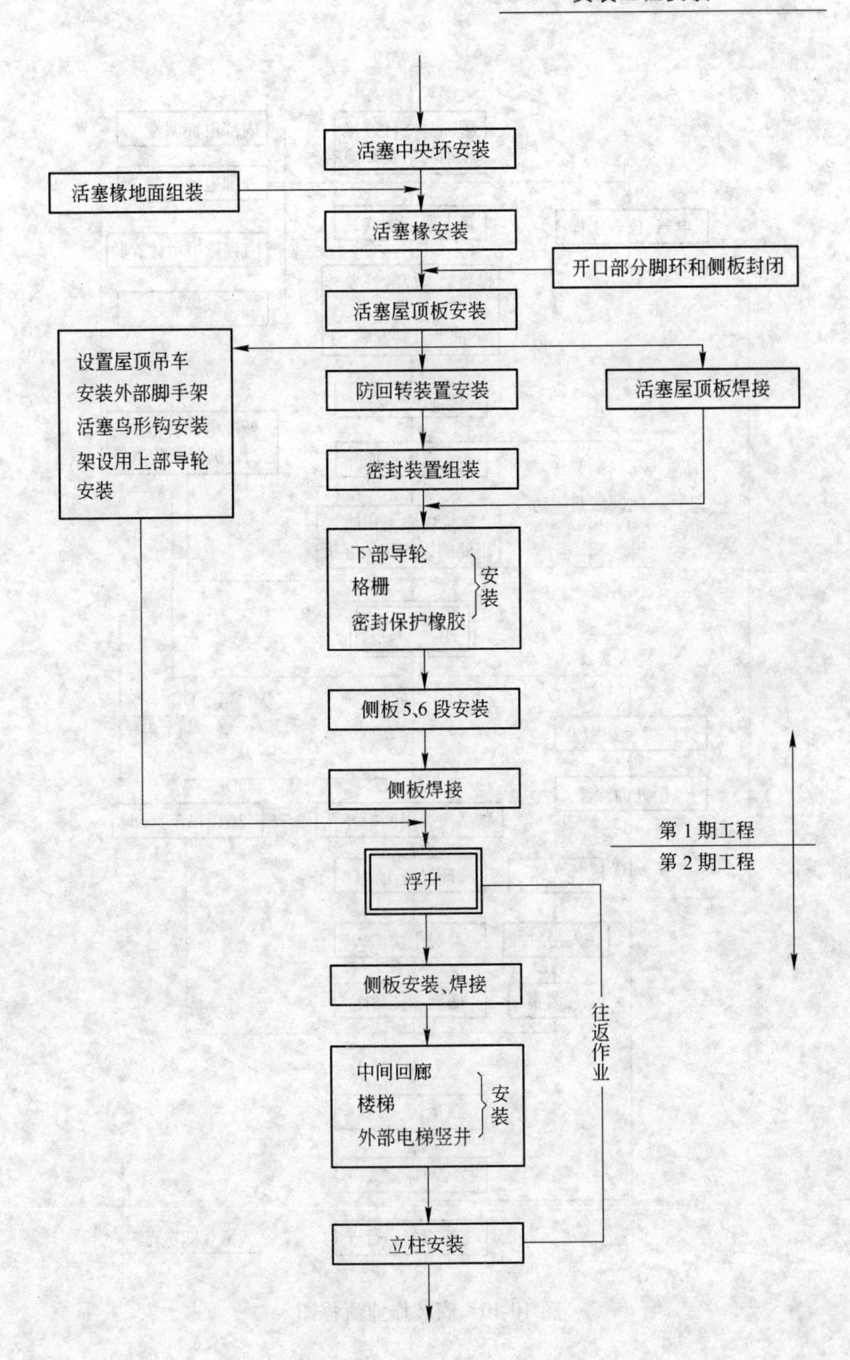
活塞中央环安装
活塞椽地面组装
活塞椽安装
开口部分脚环和侧板封闭
活塞屋顶板安装
设置屋顶吊车
安装外部脚手架
活塞鸟形钩安装
架设用上部导轮
安装
防回转装置安装
活塞屋顶板焊接
密封装置组装
下部导轮
格栅
密封保护橡胶
安装
侧板5、6段安装
侧板焊接
第1期工程
第2期工程
浮升
侧板安装、焊接
往返作业
中间回廊
楼梯
外部电梯竖井
安装
立柱安装

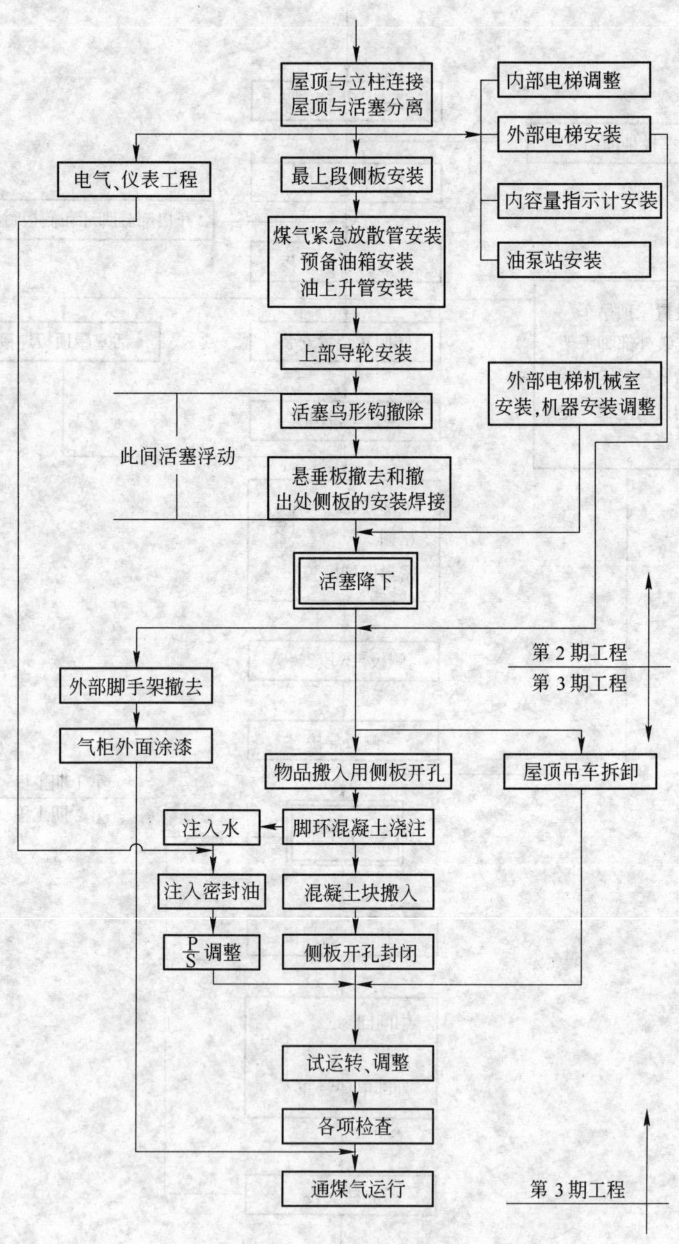

图 10-10　安装作业流程图

10.4　现场安装工程

10.4.1　基础的交接

气柜基础完成、沥青铺设完了后就着手进行基础的交接。基础的交接包括基础的调查与基础的验收。

基础的调查包括：

（1）基础的高度、中心线的位置（中心标记应该垂直）。

（2）立柱螺栓孔的中心和深度。

（3）确认混凝土面上的翻沫程度。

（4）附属装置基础高度、中心线的位置。

（5）确认混凝土浇灌部分的粘接状态（特别是立柱安装部位），另外要注意是否满足图纸上标示的允许尺寸。

基础的验收，对照图纸确认以下事项：

（1）确认中心标记原点和基准标记原点的位置和高度。

（2）确认立柱螺栓孔的养生和实施泄漏检查。

（3）确认坑内积水和修整程度。

（4）收领基础检查表。

（5）填写验收基础的议事录（包括基础施工的对方的确认）。

10.4.2　第1期工程

从基础定中心到浮升准备完了的工程为第1期工程，大致概括为下面的几个部分。

10.4.2.1　基础测量定中心，安装用基准的取法

测量定中心使用的仪器（经纬仪、水平仪等），应使用事先准备好的无偏差的仪器。对于钢卷尺应使用符合规格的，并且是事前确认了检查误差的。测定时，对钢卷尺在给予均匀的张力测定的同时，应根据需要进行温度补正，以便于尽量减少测定误差。煤气柜的中心宜选用带底板的圆钢垂直地埋设。

安装用高度基准的取法如下：

（1）煤气柜各装置的安装高度，是以环状底板敷设部分基础上

面高度的平均高度为基准来安装的，测量的基础上面的水平高度如图10-11所示的“○”记号的部分。

（2）对于平面形的中央底板，中央底板敷设部分基础的水平用示于图10-11中的带“△”的点来计测。对于超过设计基准高度允许值的凹凸，应该修整。

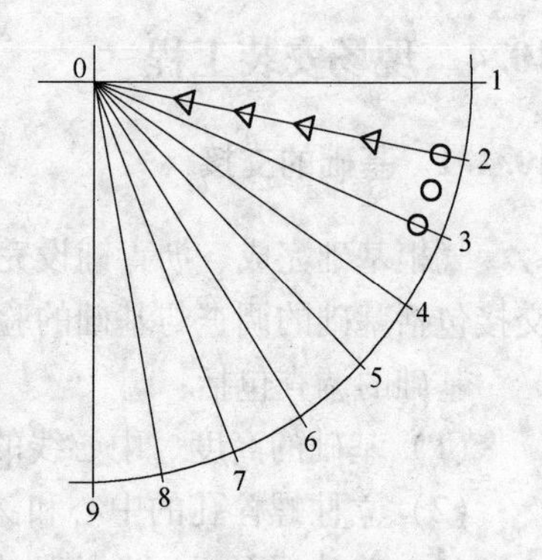

图10-11　环状和平面形中央底板基础水平高度的测量

（3）对于圆拱形的中央底板，应先测量圆拱中心部位的高度 H 和圆拱部分的半径 L，在确认了是在允许值以内时，再沿圆拱每隔3m划圆，在每个圆的圆周方向也是每隔3m作为测量点，依次测量高度 H_i，并确认要在允许值以内（参照基础图），超出允许值的部分要修整。参见图10-12。

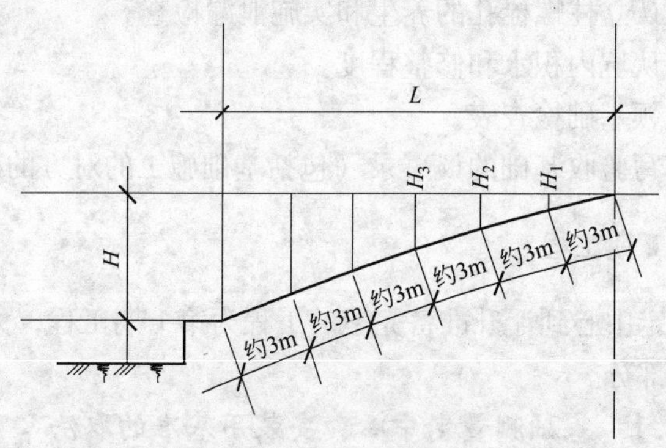

图10-12　圆拱形中央底板基础水平高度的测量

煤气柜安装用基准点的标记的取法如下：

（1）如图10-13所示，标记板应埋入到分割角度的放射线上。

（2）在煤气柜的中心处设置经纬仪，在标记板上标记对应于立柱号1、9、17、25（0°、90°、180°、270°角）的中心点作为标记板中心，由标记板中心到煤气柜中心选取 R_1（虽然为任意选取的值，但宜选取整数位，靠近底部油沟的内侧隔油板附近）确定为点 A。这

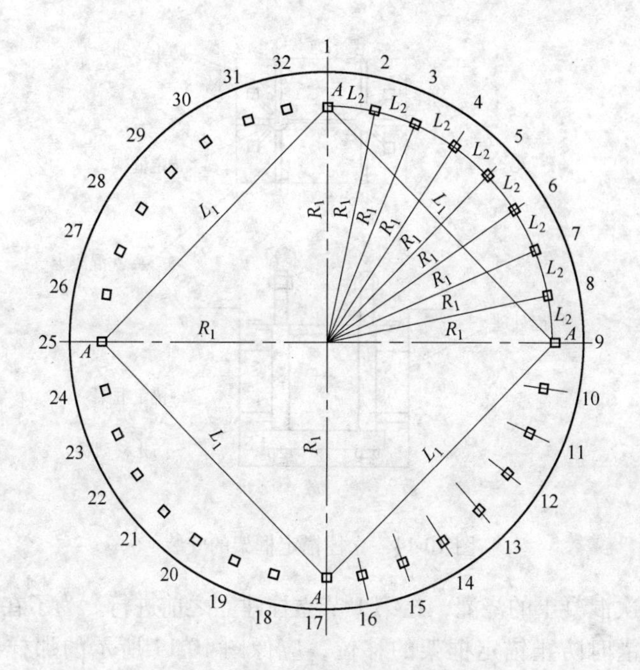

图 10-13 安装用基准点的标记

4 个点 A 的标记做完了之后，顺序测定距离 L_1，确认 4 个边的 L_1 是否等距离。

（3）各 90°内的标记板中心用经纬仪来定，各自确定从煤气柜中心到标记板中心量取 R_1 的点 A。顺序测定对应于各立柱的各个相邻标记板中心间距 L_2，确认各边的 L_2 是否等距离。

注：标记板的中心点即为煤气柜安装用的基准点，亦是立柱中心定位的参照点。这里只是举出一个 32 根立柱的煤气柜作为例子，若煤气柜的立柱根数不同，这种标记基准点的方法还是适用的。

10.4.2.2 立柱锚定框架安装

立柱锚定框架的安装如图 10-14 所示。

在立柱锚定框架的安装之前，为了一次混凝土和二次混凝土粘结良好，施行地坑侧面浇灌接续面的处理。

锚定框架的安装，一面仔细地核查垂直度、至煤气柜中心的距离和安装高度，一面施工。

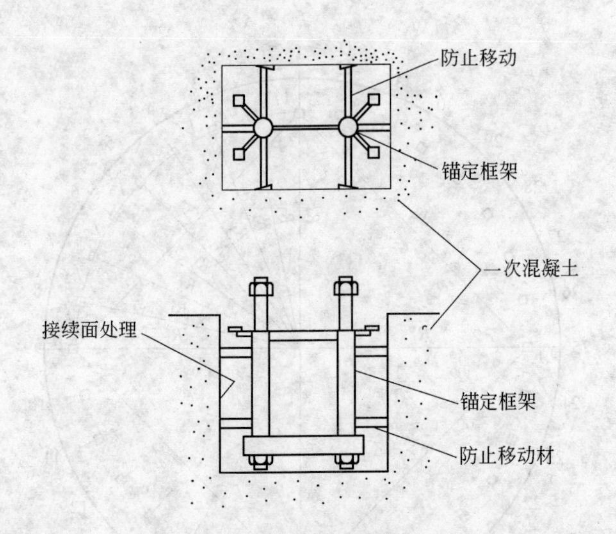

图 10-14 立柱锚定框架的安装

二次混凝土的浇灌，在第 1 节立柱建立之前进行。为了在二次混凝土浇灌时防止锚定框架的移位，应像图 10-14 所示的那样采取措施，制止锚定框架的移位。

10.4.2.3 底板的施工

现暂以平的中央底板的敷设方式叙述如下。

底板的敷设，与锚定框架的安装和第 1 节立柱的建立平行地进行。

（1）底板敷设之前用图 10-15 的要领，在底板的背面涂焦油。沿着在基础上标记了的敷设基准线，由中央顺次向外侧敷设。

（2）中央部分底板的焊接。敷设好的底板，顺次进行定位焊接（焊道长 10mm 左右），每边定位焊接 2 ~3 处。

底板的敷设如果超过了底板焊接计划的 1 个区段以上，就立即开始正式焊接。焊接完了的部分顺次用真空试验来检查。

（3）环状部分底板的敷设和焊接。背面涂了防锈焦油的环状部分底板，先不做临时固定焊接，而是进行全周敷设，全周敷设完了之后进行定位焊接。

接着，只做与一段侧板连接部分底板的正式焊接，并进行砂轮

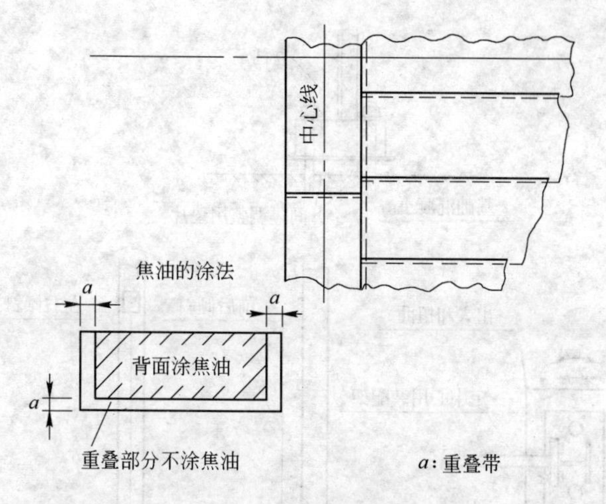

图 10-15 底面背面涂焦油

加工。

在中央部分底板正式焊接完了后，进行中央底板与环状部分底板的焊接，最后再进行环状部分底板相互间的焊接。

注：对于拱形的中央底板须参考威金斯型（橡胶膜型）煤气柜来施工。

10.4.2.4 第1节立柱的建立

在立柱建立之前，把斜撑和连接板、屋顶环与立柱间的连接垫板、屋顶回廊用支架要预先安装在立柱上。

在立柱建立时，当锚定框架安装好以后，在浇灌好的锚定框架地坑二次混凝土表面和立柱根部之间设置像图 10-16*a* 那样的调整用的轻轨和垫片（楔形垫片）来调整立柱的高度和垂直度，立柱中心和煤气柜中心的间距及立柱的扭曲用定中心用装配架来校准，如图 10-16*b* 所示的那样。调整完了之后，固定基础螺栓。

在第1节立柱全部建完的同时，张紧斜撑，防止立柱倾倒。

10.4.2.5 侧板安装

屋顶回廊安装完了后，与屋顶组装用中央台架的组装相平行，进行1~4段侧板的安装。

(1) 侧板1段安装一周之后，调整相邻侧板的根部间隙，正式拧紧安装螺栓。

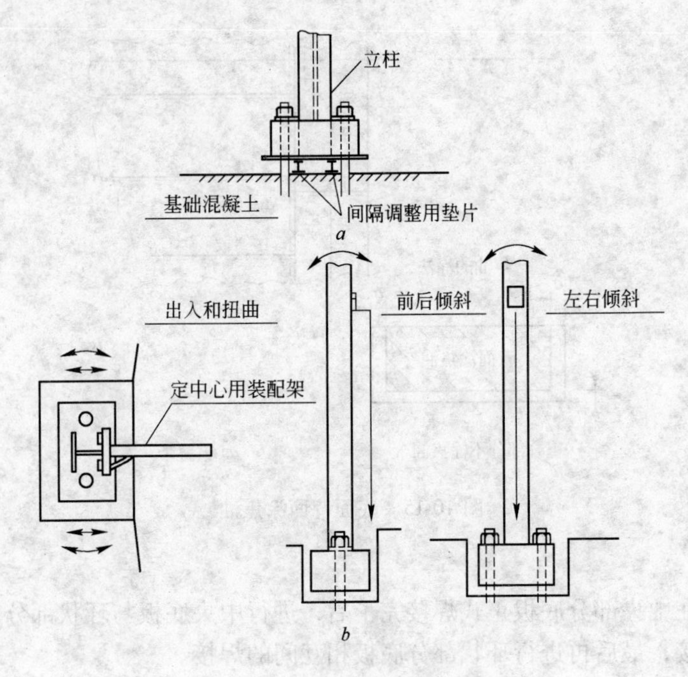

图 10-16　第 1 节立柱的建立

(2) 2 段侧板以后，为了适应于侧板的安装，在内、外部设置安装用脚手架（兼作焊接用脚手架）。

(3) 第 1 段侧板的焊接要在第 2 段侧板安装调整完了之后才进行，焊接的顺序按照侧板焊接要领进行。

(4) 顺次反复，安装调整到第 4 段。

但是，作为卡车和重型机械用的通路，在立柱间一处的 1、2 段侧板不安装，处于敞开的状态。

10.4.2.6　**屋顶组装**

(1) 在第 1 节立柱建立完了后，安装屋顶回廊，以保持立柱上部的正圆度。

(2) 在屋顶组装之前，先竖起中央台架，把塔楼环设置在中央台架的上面（图 10-17）。

(3) 与第（2）项的作业相平行，安装屋顶周缘环、屋顶回廊支

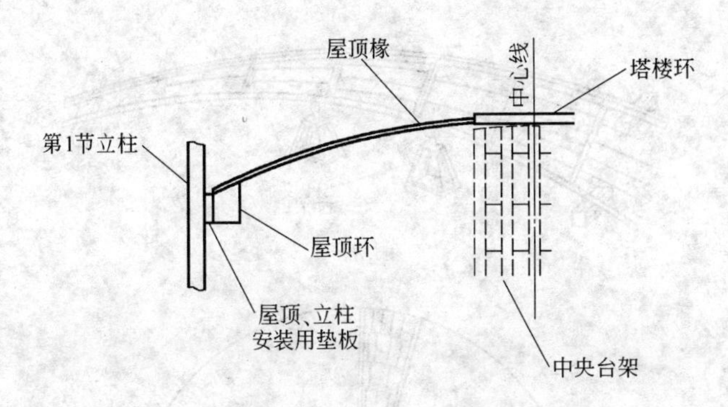

图 10-17　竖立中央台架

承架（安装在屋顶周缘环上）和安装屋顶回廊支撑角钢，紧固螺栓并完成焊接。

（4）在屋顶椽安装之前，先安装塔楼内筒，塔楼内筒成为支柱和各构件的骨架。

安装内部电梯平台和内部电梯卷上装置。

塔楼外筒支柱构件和侧板的安装，在屋顶板外面焊接完了之后进行。

（5）安装屋顶椽。屋顶椽预先在地上分组（图 10-18*a*），它的安装要考虑平衡，像图 10-18*b* 的顺序那样，对着煤气柜中心对称地用汽车吊吊上安装。安装完了后，再安装剩下的环构件和椽构件。

（6）安装屋顶旋转平台。在地上整体组装好，整体吊到安装在屋顶椽的钢轨上进行安装。

（7）屋顶板安装，从周边向中央安装成环状，顺次进行定位焊接，各边约 5 ~ 10 处。

（8）屋顶板焊接。屋顶板安装完了后，与安装时的顺序一样，从周边向中央进行焊接。

（9）屋顶板焊接完了后，再焊接安装天窗框和走廊，玻璃最后安装。

10.4.2.7　活塞机构的组装

底板敷设和第 1 节立柱建立完了，与屋顶组装工程的一部分相平行，进行活塞的组装。

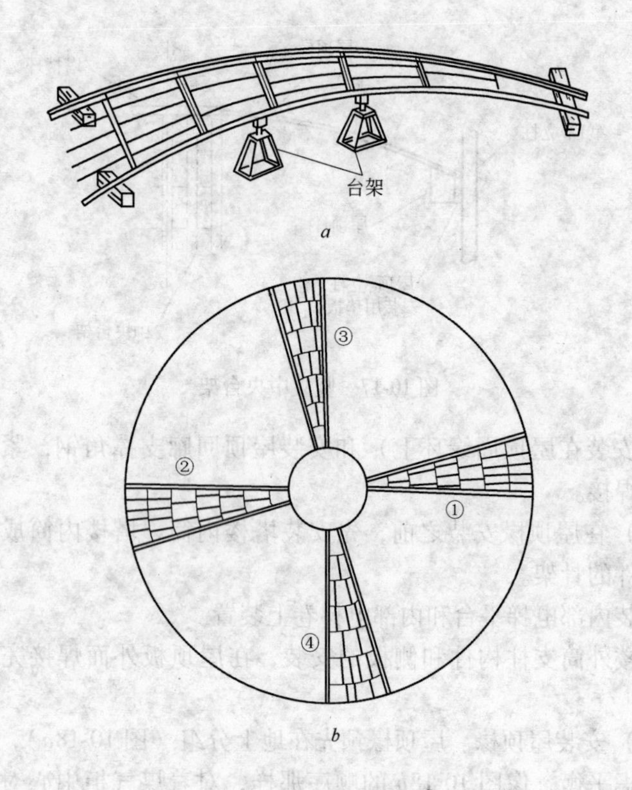

图 10-18　安装屋顶椽
a—地面组装；b—安装顺序

（1）活塞支座的安装。在环状部分底板上安装活塞支座，待高度调整后用焊接固定支座和底板。

（2）活塞环梁组装。侧板 1 ~4 段安装焊接和活塞支座安装完了后，进行活塞环梁的组装。

把环梁放在活塞支座上（对于高拱形的中央底板，活塞环梁应放在接高了的活塞支柱上，以加高活塞板与底板间的空间高度，以利于安装、焊接作业），一面调整安装高度一面依次往圆周方向连接。要保持环梁和煤气柜侧板的间隔。

但是，侧板与环梁的开口部分，在活塞椽的最后区段安装之前不要封闭，以利于安装用汽车吊的撤出。

环梁紧固一周螺栓之后，再一次核准和调整安装高度和水平度。接缝部分的焊接，在环梁的开口部分闭合并形成环状之后进行。

（3）导向桁架组装（含上下部导轮支承梁）。核准、调整、确认了活塞环梁的水平度之后，才进行导向桁架的组装。在组装之前先像图 10-19 那样地面组装成片。组装成片的导向桁架在安装时应注意导向桁架的支架应位于煤气柜中心和立柱中心的连接线上。同时，一面确认直径方向垂直度，一面安装。

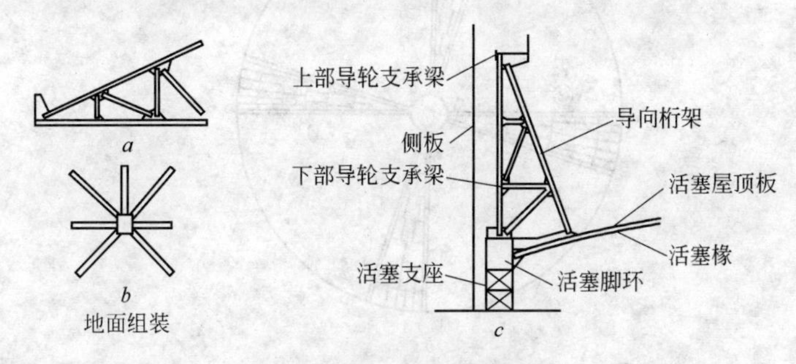

图 10-19　组装导向桁架

顺次安装斜撑、下部导轮支承梁和上部导轮支承梁。

（4）活塞屋顶椽组装。与活塞环梁的安装相平行，安设活塞屋顶椽组装用的中央台架。对于高拱形的中央底板宜设矮一点的台架，对于平面形的中央底板宜设高一点的台架。在安装了活塞中央环之后，按照与屋顶椽同样的要领进行地面组装，并以图 10-20*b* 的顺序安装。

（5）活塞屋顶板的安装和焊接。活塞屋顶椽组装完了时，活塞屋顶板由外侧向内侧，如图 10-21*a* 所示的那样。在活塞屋顶板安装的同时，以图 10-21*b* 的要领进行定位焊接。

正式焊接的顺序，是在背面的定位焊接完了之后，活塞屋顶板成环状重复，实行表面的圆周方向和直径方向的焊接。

10.4.2.8　浮升安装的准备工作

浮升安装的准备工作，有下面的各项内容，与密封装置的组装相平行地实施。

（1）活塞吊件（鸟形钩）的安装。活塞吊件是屋顶与活塞的连

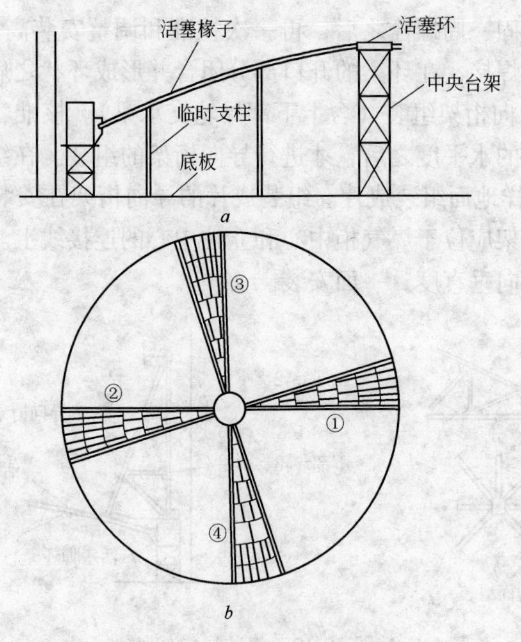

图 10-20 组装活塞屋顶椽

a—活塞椽子安装；*b*—安装顺序

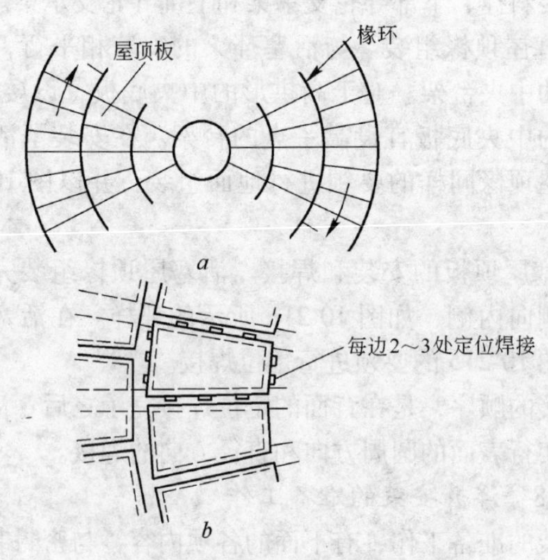

图 10-21 活塞屋顶板的安装和焊接

a—活塞屋顶板安装顺序；*b*—活塞屋顶板的定位焊接

接构件。把与屋顶环相连接的上部金属件在地上安装到活塞吊件上成为一个整体，然后将它从拆出屋顶板（或屋顶板预留空位）的孔中搬入安装。

与活塞上部导轮桁架相连接的下部金属件，在安装活塞吊件到指定的位置上之后，进行调整及切断和焊接。屋顶与活塞的连接情况见图 10-22。

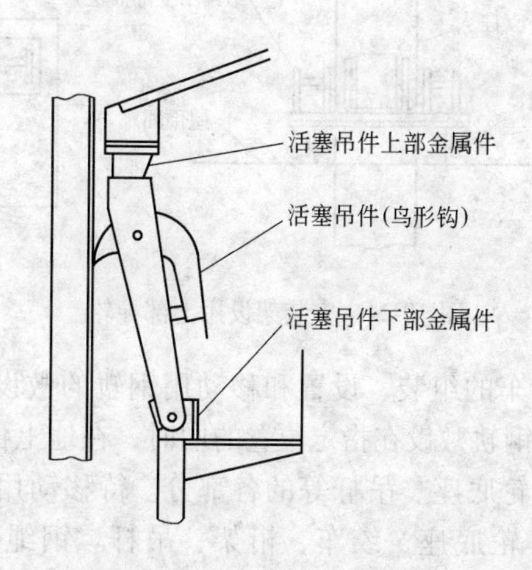

图 10-22 屋顶与活塞的连接

（2）外部脚手架安装。如图 10-23 所示的那样，把外部脚手架悬挂在屋顶回廊的槽钢上，并顺次从下层往上层铺设平台板。

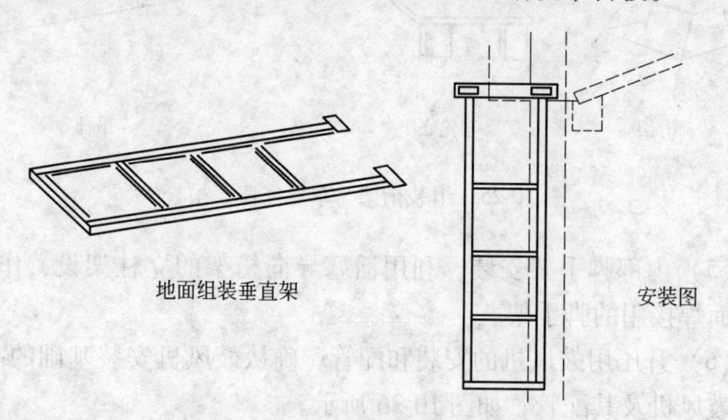

图 10-23 安装外部脚手架

（3）架设用上部导轮的安装。在外部脚手架悬挂用槽钢的上面，安装组装好的导轮，调整立柱翼缘与导轮的间隔，然后焊接固定导轮架，见图 10-24。

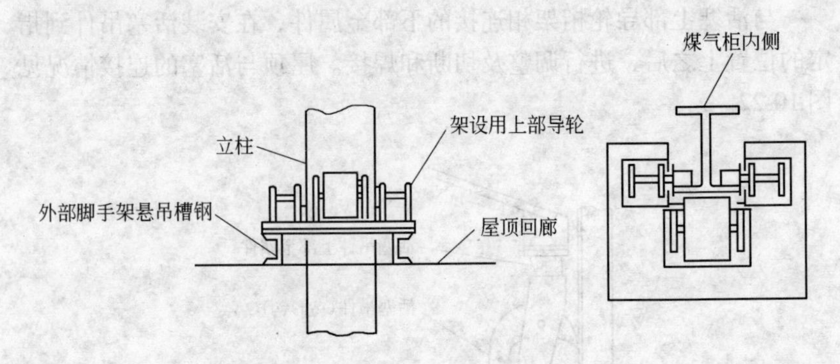

图 10-24　安装架设用上部导轮

（4）屋顶吊车的组装、设置和移动用钢轨的敷设。在屋顶上面把吊车移动用的钢轨敷设在指定位置的同时，在地上像图 10-25 那样组装成桁架、车轮底座、吊杆等的各部分。待移动用钢轨敷设完了后，顺次组装车轮底座、绞车、桁架、吊杆。钢绳类在安装完后穿入。

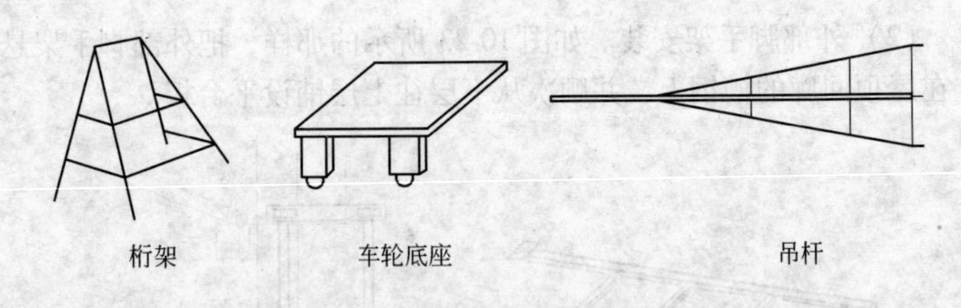

图 10-25　组装桁架、车轮底座、吊杆

（5）内部脚手架安装。利用活塞导向桁架的立柱架设，作为侧板内面焊接用的脚手架。

（6）升压用鼓风机的安装和配管。确认鼓风机安装基础的高度，安装鼓风机及其配管，如图 10-26 所示。

（7）往煤气柜内部的电力供给线的准备和焊接机等各机器的配

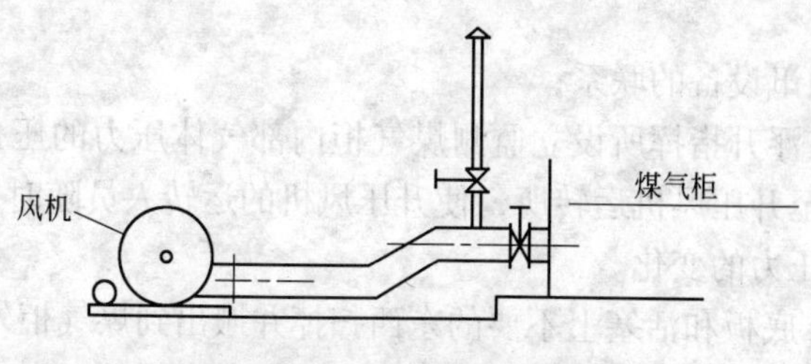

图 10-26　安装鼓风机和配管

置。往屋顶吊车用绞车和焊接机等各机器的供电，是沿着煤气柜配线到设在屋顶的分电盘。该电线的长度要考虑重复浮升直到最后达到建成的状态也能满足的长度。从分电盘再分开供给吊车用绞车、电焊机等各机器。参见图 10-27。

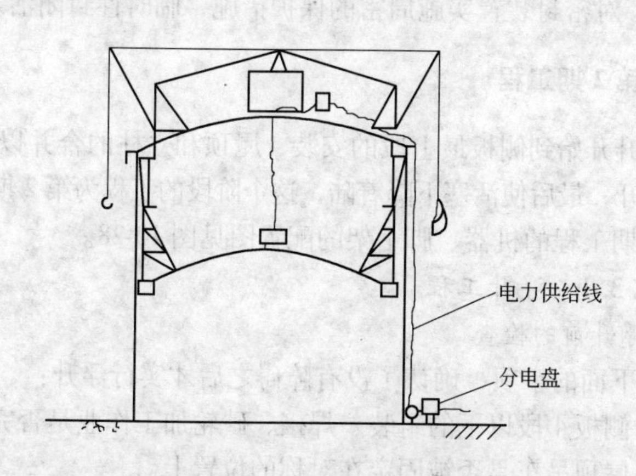

图 10-27　配制电力供给线

（8）CO_2 气供给管线的敷设。当采用 CO_2 保护焊时，从 CO_2 集气装置接出的橡胶管，用和电力供给线同样的方法配管，在煤气柜内部活塞上面分岔，供给各 CO_2 焊接机。

（9）压缩空气供给管线的敷设。压缩空气用管道沿着煤气柜从地面配管到上部导轮支承梁，在上部导轮支承梁上分岔送到各处空气工具。

（10）浮升指挥所与升压风机运转所建立联系。浮升指挥所设在活塞上，升压风机运转所设在柜体附近的地面上，两者应建立如下联系：

1）通讯设备的联系；

2）在浮升指挥所设立监测煤气柜内部气体压力的压力计，并用胶管远传至升压风机运转所，使升压风机的运转人员随时了解煤气柜内部气体压力的变化。

(11) 底板和活塞上不要的东西扫掉并搬出到煤气柜外。

(12) 封闭活塞以下的气体泄漏点：如侧板人孔、检查手孔、侧板开口部分、煤气出入口管道等。凡是有可能泄漏气体的处所，应给予封闭。

(13) 撤去屋顶与立柱间的连接垫板，撤去屋顶回廊与立柱的连接件，使屋顶与立柱分离（含屋顶回廊也与立柱分离）。

(14) 对密封装置实施周密的保护措施，临时性封闭活塞油沟。

10.4.3 第2期工程

从浮升开始到侧板最上段的安装、屋顶和立柱的合并以及屋顶和活塞的分开，最后使活塞下降着陆，这个阶段的工程为第2期工程。

第2期工程的机器、脚手架的配置图见图10-28。

10.4.3.1 浮升工程

A 浮升前的检查

检查下面的事项，确认了没有障碍之后才实行浮升：

(1) 侧板4段以下的组装、焊接、砂轮加工作业是否完了。

(2) 屋顶吊车是否被固定在对称的位置上。

(3) 梯子、压缩空气配管是否离开外部脚手架。

(4) 外部脚手架和侧板及立柱有没有相碰的地方。

(5) 在架设用上部导轮和下部导轮上有没有夹杂物咬入。

(6) 在密封装置上有没有夹杂物落下。

(7) 钩板（挂鸟形钩用）是否的确被装上了。

(8) 联络通讯设备是否正常。

(9) 其他，是否妨碍浮升。

B 浮升的节距

用风机把空气送入活塞下部的空间，使活塞机构、屋顶、外部脚

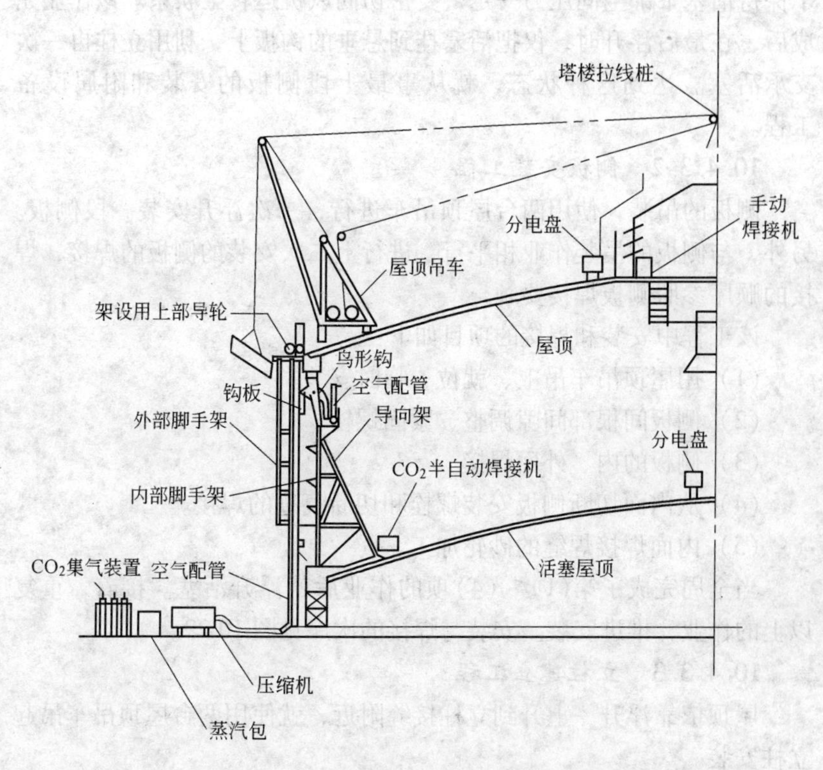

图 10-28 第 2 期工程机器、脚手架的配置

手架一起浮升。把一段侧板的高度作为一次浮升的节距，每次浮升后把屋顶和活塞连接件（鸟形钩）的钩子挂到安装在立柱上的钩板（悬垂板）上，根据活塞下部空气的排出，屋顶与活塞的临时组合体就由立柱来支承。

C 浮升安装

在屋顶与活塞的临时组合体处于由立柱支承的状态下，实行侧板安装工程、立柱建立工程、回廊和楼梯的安装工程、附属设备的组装工程。依靠这种反复，把侧板安装到设计的高度。

D 最后的浮升

为了使屋顶与立柱的合并和屋顶与活塞的分离能在短时间内完成，在该作业中，指挥者看着设在指挥所旁边的架设用的压力计，为了保持活塞下部空间压力一定，要密切同风机运转工联系。该作业完成后，在最后浮升时，仅把活塞挂到悬垂的钩板上，利用立柱再一次支承活塞。达到这种状态，就从事最上段侧板的安装和附属设备工程。

10.4.3.2 侧板安装工程

侧板的吊装，使用两台屋顶吊车进行，一次浮升安装一段侧板。另外，与侧板的吊装作业相平行，进行上二次安装的侧板的焊接，焊接的顺序参照侧板焊接要领。

该工程中安装和焊接的项目如下：

（1）用屋顶吊车吊上、就位、临时安装。

（2）侧板间根部间隙调整、紧固螺栓。

（3）侧板的内、外面焊接。

（4）从内面切断侧板安装螺栓和切断痕迹的焊接。

（5）内面焊接焊缝的砂轮加工。

当全周完成了第(1)～(4)项的作业后就浮升活塞。接着，重复以上的作业，推进安装。安装与焊接的次序见图10-29。

10.4.3.3 立柱建立工程

屋顶依靠浮升一上升到立柱接缝附近，就使用两台屋顶吊车吊起立柱安装。

该工程中安装和焊接的作业如下：

（1）除掉立柱接缝部分的锈，在立柱内面翼缘上用临时螺栓和销钉把立柱接缝夹具安装在立柱颈部。

（2）用屋顶吊车起吊立柱，在立柱接缝夹具处对合垂直度，用临时螺栓和销钉安装之后，把同样的夹具用同样的方法安装在外面翼缘处，腹板的接缝板用螺栓拧紧。在腹板接缝板正式拧紧之前，要用

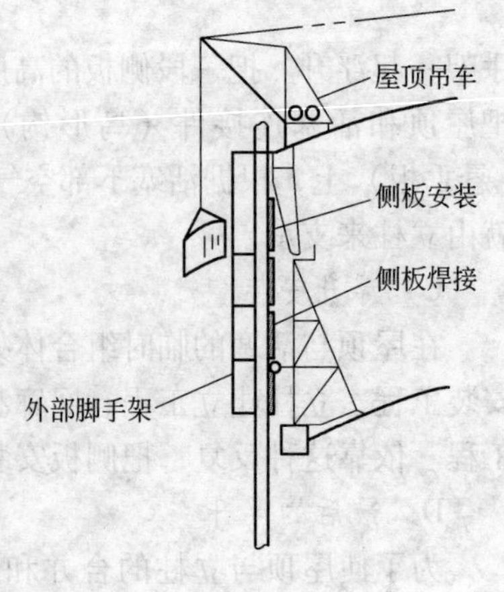

图10-29 侧板安装与焊接的次序

2m 的钢尺确认立柱的垂直度。

（3）立柱的垂直度（径向和环向）确认之后，进行腹板接缝板的焊接和从焊接用缝隙进行内外面翼缘的焊接。

（4）焊接完了后，拆掉立柱接缝夹具，用砂轮把内面翼缘的侧板结合部和外面翼缘的架设用上部导轮通过部分的焊接焊缝加工平滑。

立柱用接缝夹具和接缝板的连接见图 10-30。

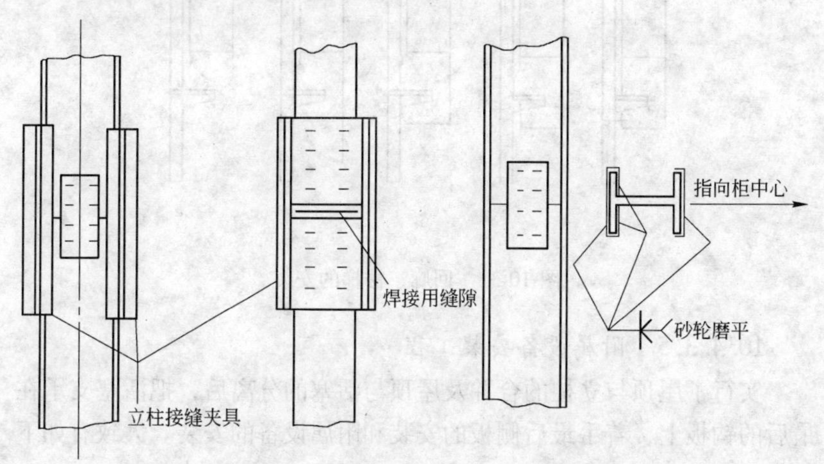

图 10-30 立柱用接缝夹具和接缝板的连接

10.4.3.4 回廊、楼梯安装工程

回廊的安装时机，要待外部脚手架最下段位于回廊安装可能的位置时进行。分为以下的几个步骤：

（1）把回廊支架安装在立柱上（图 10-31a）。

（2）用钢丝绳把最下段脚手架支持在立柱上，把吊材拆掉（图 10-31b）。

（3）用屋顶吊车起吊回廊，安装在规定的位置，拧紧侧板的肋板连接部分和回廊间接缝板的螺栓（图 10-31c）。

（4）回廊沿着煤气柜的一周安装完了之后，使最下段脚手架成为如图 10-31d 所示的状态，然后浮升。

（5）脚手架通过回廊之后恢复原状（图 10-31e）。

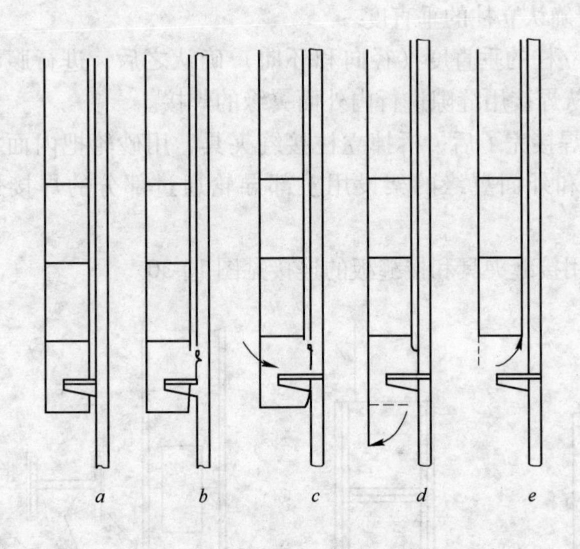

图 10-31　回廊、楼梯的安装

10.4.3.5　附属设备安装工程

实行了屋顶与立柱的合并及屋顶与活塞的分离后，把活塞支承在最后的钩板上，着手最后侧板的安装和附属设备的安装。大致有如下的作业：

（1）煤气放散管的安装。

（2）上部导轮安装调正。

（3）容量指示器钢丝绳检查平台的安装。

（4）外部电梯竖井安装。

（5）油泵站、预备油箱、油上升管的安装。

在完成了上述第（3）项的安装之后，撤去活塞鸟形钩，撤除钩板（悬垂板）和撤出痕迹处的侧板安装焊接。

10.4.3.6　外部电梯竖井和机械室安装

A　外部电梯竖井安装

外部电梯竖井安装，随着侧板安装作业的进展而顺序进行。

竖井根部的安装，在由第 1 节立柱安装高度引出外部电梯竖井安装高度、调整安装基础高度和安装位置定中心测量完了之后，要对合吊入的垂直度。在安装高度、位置、垂直度确认后，浇灌基础螺栓，在浇灌之前以竖井不发生偏移来支撑基础螺栓。

第2节以后的竖井随着侧板安装的进展来建立。

导轨与竖井的安装平行地进行。

B 外部电梯机械室安装和调整

卷扬机械、控制盘等与竖井的安装平行地安装。

外部电梯的安装调整参照制造厂家的要求进行。

10.4.3.7 *活塞降下*

活塞降下之前要进行如下的准备工作：

(1) 工程用电源电缆配线的更换。

(2) 活塞鸟形钩撤去。

(3) 立柱上钩板的撤去和撤去痕迹处侧板的安装焊接。

(4) 活塞上与风机运转所之间通讯联络设备的撤除。

从风机配管部分排出活塞下部的空气，使活塞降下。活塞着陆之后，拆卸第4段开口部分侧板，搬出煤气柜内不要的东西。

10.4.4 第3期工程

从活塞着陆到安装工程完了为第3期工程。

10.4.4.1 *往活塞环梁内浇灌混凝土工程*

为了得到设定的煤气柜柜内压力，要往活塞环梁内浇灌混凝土。混凝土的浇灌甚至关系到运转时活塞的倾斜，所以在活塞环梁内任意两立柱间灌入的混凝土重量都应该相等，而且在浇灌之后在整个活塞环梁内形成的上表面要成为一个光滑的平面。要做到这一点就要严格混凝土的配比，严格计量两立柱间活塞环梁内灌入的混凝土体积量和充分的振捣与抹平。

往活塞环梁内灌入的混凝土量在设计上有规定，但由于施工过程中设备与构件材料的代用或修改，活塞上的整个结构重量与原设计的值将产生差异，这个差异值施工部门应准确记载，并以这个差异值来调整活塞环梁内灌入混凝土量的原设计值。即如果施工过程中活塞结构重量超出了设计重量出现了一个“+”的差异值，那么往活塞环梁内灌入的混凝土量便应减少这个差异值。

10.4.4.2 压力调整用混凝块的搬入和配置

压力调整用的混凝土块是作为柜内压力维持设计值的最终调整用和运转时纠正活塞倾斜的平衡调整用。由于相邻两个立柱与煤气柜中心形成的各区间内活塞的结构重量是不相等的，那么搬入的混凝土块的数量也应是不相等的。如果某区间的结构重量超出了区间活塞重量平均值的一个“+”的差异值，那么往该区间内搬入的混凝土块的重量就应按这个差异值减量。每个区间混凝土块的堆放量设计图纸上应给出规定。

参照图10-32把混凝土块配置在活塞环梁附近规定的位置上。

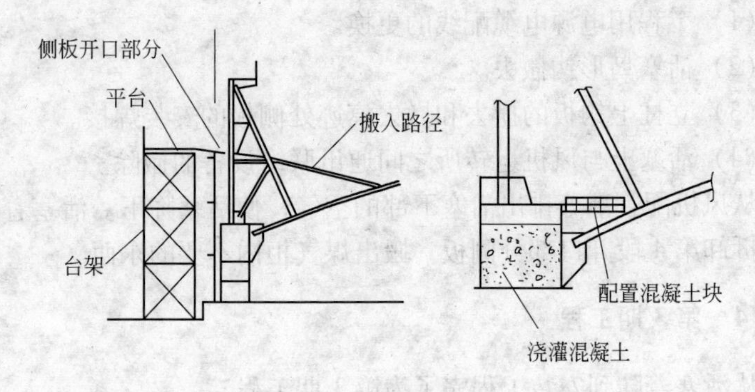

图10-32 配置混凝土块

10.4.4.3 侧板开口部分封闭

在混凝土块搬入和安装在活塞上的机器、部件搬入之后，在立柱和侧板肋板的连接部分放入填料封闭侧板的开口部分。封闭之后从煤气柜的内面确认安装状态，如有凸凹就用砂轮加工。

10.4.4.4 其他工程

其他工程包括如下事项：

(1) 煤气吹扫放散管、煤气排水装置等的安装。

(2) 屋顶吊车的解体和撤出。

(3) 涂漆作业。

(4) 电气仪表工程。

(5) 密封机构和活塞屋顶板焊接部分的泄漏专项检查和消除。

10.4.4.5 活塞的走行与试运转检查

全部工程完了后，用检修风机往活塞下部空间送入空气，使活塞走行，运转调整到无妨碍地全行程走行。在活塞的走行试运转中，一般是检查活塞的升降状况，同时检查有无振动和冲击。

试运转检查测试项目如下：

（1）煤气柜压力的调整。靠增减平衡配重来实现，上升、下降时的压力变动幅度以最大值在±200Pa 以下为目标。

（2）活塞倾斜。以活塞导轮和加减平衡配重来调节活塞升降中的水平度。

活塞倾斜的允许值，在活塞直径的两端为：

$$S \leqslant \frac{D}{500} \tag{10-1}$$

式中 S——活塞的允许最大倾斜值，mm；

D——煤气柜侧板内径，mm。

（3）综合泄漏试验。为了计测煤气柜的综合泄漏量，我国规定实施静置 7 昼夜的泄漏率不超过 2% 为合格（见《工业企业煤气安全规程》），日本规定为静置 2 昼夜的泄漏率不超过 2% 为合格。计测的初始容量按设计容量的 90% 来选取，这是因为大气的温度和压力经常处于变动状态，故活塞的高度也随着变动，为避免气体储存容量发生超限放散，所以计测的初始容量选取略低于设计容量。而且实际储存容量应换算成 0℃、0.1MPa 时的标准状态下的容积，然后再计算泄漏量。

实际储存容积换算为标准状态下的容积按下式进行：

$$V_n = V_t \times \frac{273 \times (B + p - W)}{(273 + t) \times 0.1} \tag{10-2}$$

式中 V_n——0℃、0.1MPa 的压力、蒸汽压力为 0 时的容积，m^3；

V_t——测定状态下的容积，m^3；

B——测定时的大气压力，MPa；

p——测定时柜内气体压力，MPa；

W——测定时活塞下部空间的蒸汽压力（当作饱和状态来计

算），MPa，查不同温度下的饱和蒸汽压力表；

t——测定时活塞下部空间的温度，℃。

$$V_t = V_D + V_W \tag{10-3}$$

式中　V_D——煤气柜的死容积（由设计单位提供），m^3；

V_W——煤气柜的工作容积（由容量指示计读取或由活塞升程计算得出），m^3。

经过7昼夜的泄漏量 ΔV：

$$\Delta V = V_{n1} - V_{n2} \tag{10-4}$$

式中　V_{n1}——初始状态下柜内标准容积（标态），m^3；

V_{n2}——终了状态下柜内标准容积（标态），m^3。

煤气柜的综合泄漏率 ϕ：

$$\phi = \frac{\Delta V}{V_{n1}} \times 100\% \tag{10-5}$$

允许的泄漏率为2%。

计测方法如下：在午前4小时气温最稳定的时候进行，地上计测员和活塞上的计测员分两组对好时间测定温度、压力、气压和活塞的位置，各计测点的位置见图10-33。计测工作在7日内连续进行，计

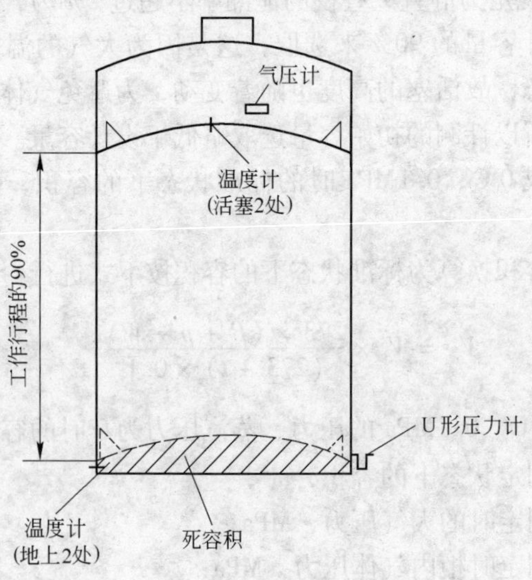

图10-33　计测点位置

测完后计算出泄漏率。

10.4.4.6 附属设备的检查

内部电梯：绝缘检查、荷重检查、电流电压测定、升降试验、安全装置动作试验、其他。

外部电梯：绝缘检查、荷重检查、电流电压测定、升降试验、安全装置动作试验、其他。

内容量指示计：确认由活塞高度算出的内容量与指示计的读数一致。进行上、下限极开关动作位置的确认。

压力传送装置：机能检查、确认煤气压力和受信压力一致。

确认密封油发信器显示无误差。

进行油泵站的动作确认。

10.5 焊接作业

10.5.1 焊接方法

焊接方法根据使用区分如表 10-3 所示。

表 10-3 焊接方法的使用区分

焊接方法	使用区分
自保护电弧焊接（内保护焊接）	侧板内面的纵向和圆周方向的对接焊缝①
包覆电弧焊接	上栏以外的焊缝

①根据作业的情况，屋顶板、活塞顶板的安装焊接也有使用的情况。

10.5.2 焊接材料

10.5.2.1 自保护电弧焊接

日本的煤气柜在 20 世纪 80 年代中期曾采用过自保护电弧焊接，其情况见表 10-4。

表 10-4 自保护电弧焊接情况

钢材号	使用区分	无气体用焊丝			
		牌 号	棒径/mm	姿 势	备 注
SS41（相当于Q235-A，B）	侧板内面对接焊缝	NR-202	1.7	横向	飞溅小，成型美观，适于全方位焊接
		NR-211	1.7	立向	
		NR-311	2.4	下向	根据作业情况使用

注：表中使用的内保护气体焊接机系美国林肯公司产品，焊接电源采用 DC-600 型（直流），焊丝供给装置采用 LN-22 型。

从表 10-4 中可以看出，其对侧板内面对接焊接采用的是自保护药芯焊丝电弧焊，它是借助于电弧热使药芯分解并汽化，从而形成保护气体以保护熔融金属，而不使用外加的 CO_2 保护气体。它是药芯焊丝电弧焊的一种方式。

在 20 世纪 80 年代初期，我国上海宝钢在建造 15 万 m^3 三菱干式煤气柜（类似于科隆型煤气柜，具有圆筒形的外壳）时对于侧板内面的对接焊接方式采用过 CO_2 保护气体半自动焊接。它属于熔化极活性气体保护电弧焊，其活性气体采用的是 CO_2 气。其使用的焊接机为 CO_2 半自动焊接机。

上述两种焊接方式，前者以其焊接飞溅小，焊缝成型美观、熔敷速度高，可采用大电流全方位焊接而更具优越性。

我国适用于上述两种焊接方式的药芯焊丝与实芯焊丝均有产品规格，就这方面的应用实践和焊丝门类以及焊接机器来看，我国与世界发达国家还存在差距。

10.5.2.2 包覆电弧焊接

包覆电弧焊接的使用见表 10-5。

10.5.3 焊接材料的管理

焊接材料在搬运、保管途中不要损坏质量，保管在适当的保管库里，要区别不同牌号分放，注意不要吸潮。

对于下属的焊条，要在干燥炉内干燥后使用（表 10-6）。

表 10-5 包覆电弧焊接的使用

钢材号	使用区分	规格（型号）	牌号	棒径/mm	备 注
Q235-A B	侧板与周边底板	E4316	J426X	$\phi4$，$\phi5$	X 表示立向下焊
	侧板与立柱的连接	E4316	J426X	$\phi3.2$，$\phi4$	
	屋顶板及活塞顶板	E4301 E4316	J423 J426X	$\phi4$	
	屋顶梁（椽、环材料连接）	E4316	J426X	$\phi4$，$\phi5$	
	侧板水平（角焊）	E4301	J423X	$\phi3.2$，$\phi4$	
	侧板立向（角焊）	E5016	J506X	$\phi4$	及内面防回转部分
	立柱与立柱的接合部分	E5016	J506	$\phi4$，$\phi5$	

表 10-6 焊条的干燥温度

药皮类型	牌 号	干燥条件	备 注
低氢系	J426X J426 J506 J506X	300～350℃ ×1h	X 表示立向下焊
钛铁系	J423	100℃ ×1h	

注：1．焊接用材料的保管，特别要注意避免湿气；
2．低氢系焊条的再干燥次数不许超过 3 次。

10.5.4 焊接工的资格

焊接工具有何种资格才能上岗施焊，这有待于国内的焊接专家认定。现将日本国的规定介绍于下：

手工焊接工，在日本为从事具有 JIS Z3801 A-2F，2V 或 A-3F，3V 以上技能的焊工。

内保护电焊工，在日本为 JIS Z3801 半自动电焊工，或从事有以此为准的技能资格的焊工。

10.5.5 侧板的焊接

10.5.5.1 侧板的组装顺序

侧板的组装顺序为：

（1）1～5 段的侧板用坦克吊安装、在临时架台上焊接，待活塞组装和密封机构装入之后，进行第 6 段侧板的安装和焊接。接着一方面送风浮升，一方面逐次进行 6 段以后侧板的组装和焊接。

（2）侧板的焊接处，要仔细地除锈，清扫到对焊接没有障碍的程度。

（3）侧板和立柱的安装，打入心轴（打入销）固定侧板的 4 个角，预定了所定的焊接间隔后，紧固安装螺栓，然后再进行侧板与立柱的焊接。维持焊缝间隙符合设计要求是焊接质量合格的重要前提。

10.5.5.2　侧板的焊接顺序与焊接方式

侧板的焊接顺序与焊接方式为：

（1）内面立向焊接按图10-34所示 ◇1 进行，采用①→②的上进后退法，施行自保护焊接。

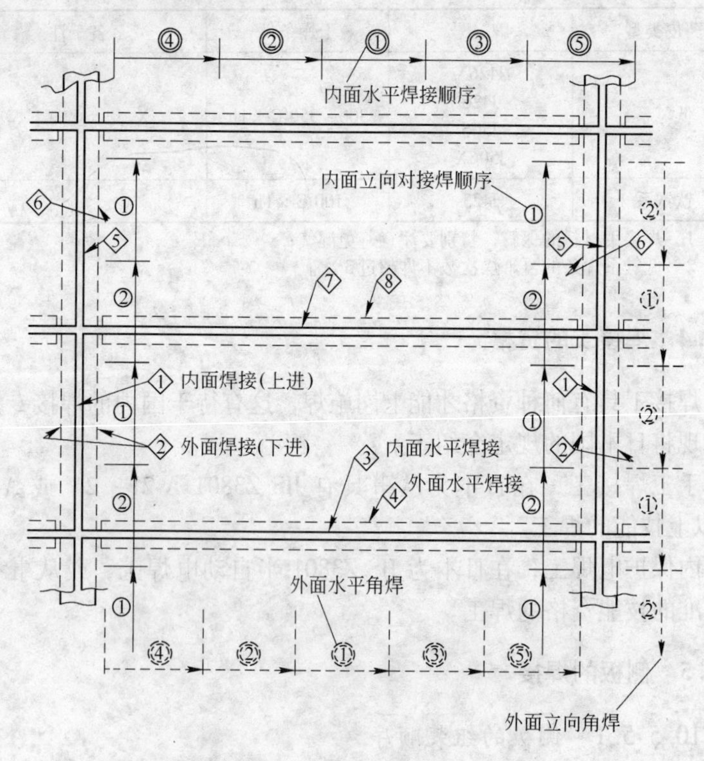

图 10-34　侧板的焊接顺序与焊接方式

（2）外面立向焊接按图10-34所示 ② 进行，采用①→②的下进后退法，施行普通手工焊接。

（3）内面横向焊接按图10-34所示 ③ 进行，采用①→②→③→④→⑤的跳焊法，施行自保护焊接。

（4）外面横向焊接按图 10-34 所示 ④ 进行，采用①→②→③→④→⑤的跳焊法，施行普通手工焊接。

由于内部焊接先行，又实行的是保护焊接（自保护或 CO_2 气保护），焊接热量少，焊接变形和内应力也就小，这就第一波地控制了焊接变形和提高了焊接质量。而外侧由于受到外界气流的影响，不利于采用保护焊接，故采用手工电弧焊。

10.5.5.3 在圆周方向焊工责任段的划分

作为一个例子，现将 26 根立柱的煤气柜的焊工责任段的划分情况示于图 10-35。

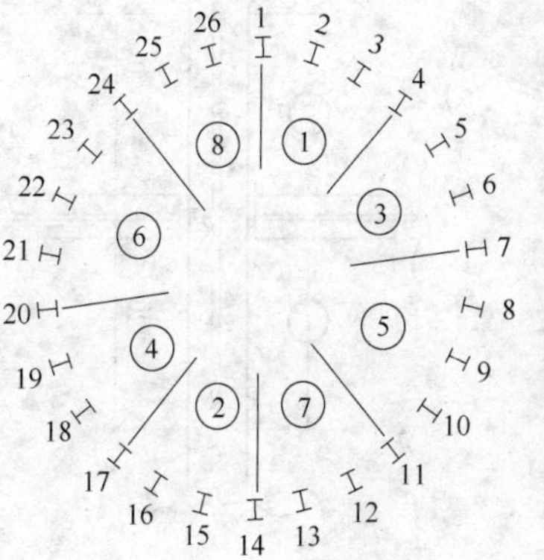

段号	无气体内面焊接（立向）	手动焊外面焊接（圆周方向）
①	立柱号 2 ~ 4	立柱号 1 ~ 4
②	立柱号 15 ~ 17	立柱号 14 ~ 17
③	立柱号 5 ~ 7	立柱号 4 ~ 7
④	立柱号 18 ~ 20	立柱号 17 ~ 20
⑤	立柱号 8 ~ 11	立柱号 7 ~ 11
⑥	立柱号 21 ~ 24	立柱号 20 ~ 24
⑦	立柱号 12 ~ 14	立柱号 11 ~ 14
⑧	立柱号 25 ~ 1	立柱号 24 ~ 1

注：示出 8 个焊接工工作情况的一例。

图 10-35 焊工责任段的划分

从图 10-35 来看，是 8 个焊工分割了整个圆周 360°的焊接工作量，这 8 个焊工是在同一时间内执行着同一种焊接部位和同一种焊接方式。

综合 10.5.5.2 节和 10.5.5.3 节来看，新型干式煤气柜的侧板焊接是全对称焊接，即从每条焊缝到每块侧板再到整个圆周都处在对称状态，以防止壳体产生不规则的变形。

10.5.5.4 侧板立向焊接要领

内面对接焊接（自保护焊接）见图 10-36：

（1）组装时，施工定位焊接（外面）4 处。

（2）2 等分用后退法上进内保护焊接。

（3）焊条芯选用 NR-211（ϕ1.7mm）。

注：NR-211 符合 AWS（美国焊接学会标准），型号为 E71T-11。该焊丝的特征是通用性强，使用方便。熔滴呈喷射过渡，容易观察和控制，飞溅小，烟尘少，成型美观。可适用于全方位焊接，焊接效率高，成本低，抗裂性优良，可焊接碳含量约为 0.5% 的钢。其焊缝处 σ_b 为 495 ~ 645MPa，σ_s 为 412 ~ 466MPa，δ_4 为 22% ~ 26%。美国 NR-211 焊丝约相当于国产 PK-YZ-J507 药芯焊丝。

外面角焊接（手工焊）见图 10-37：

（1）2 等分用后退法下进手工电弧焊。

（2）电焊条采用 E4316 型号的 J426X 牌号，棒径为 ϕ3.2 及 ϕ4.0mm。

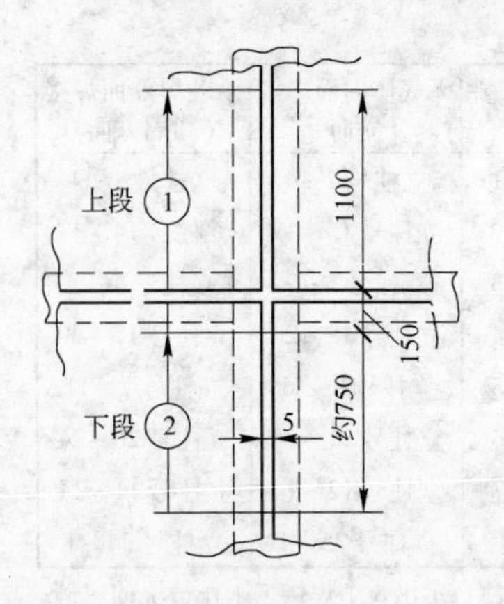

图 10-36 侧板立向内面对接焊接
（注：该例示的侧板每段高度为 2.000m）

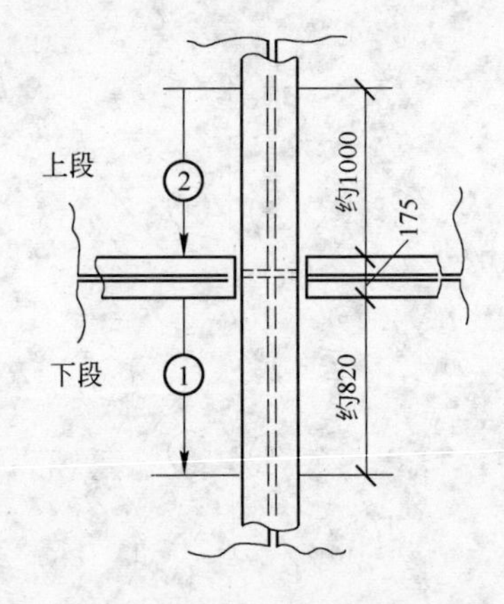

图 10-37 侧板立向外面角焊接
（注：该例示的侧板每段高度为 2.000m）

10.5.5.5 侧板横向焊接要领

内面对接焊接（自保护焊接）见图 10-38：

（1）采用对称跳焊法焊接。

（2）焊条芯采用 NR-202（ϕ1.7mm）。

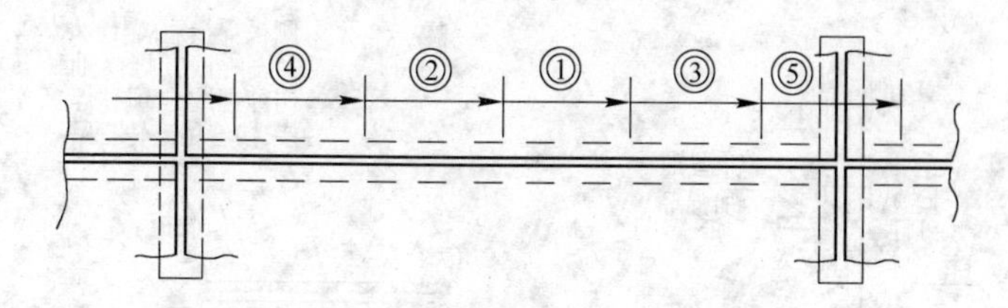

图 10-38 侧板横向内面对接焊接

外面角焊接（手工焊）见图 10-39：

（1）采用对称跳焊法焊接。

（2）电焊条采用 E4301 型号的 J423 牌号，棒径为 ϕ3.2mm 及 ϕ4.0mm。

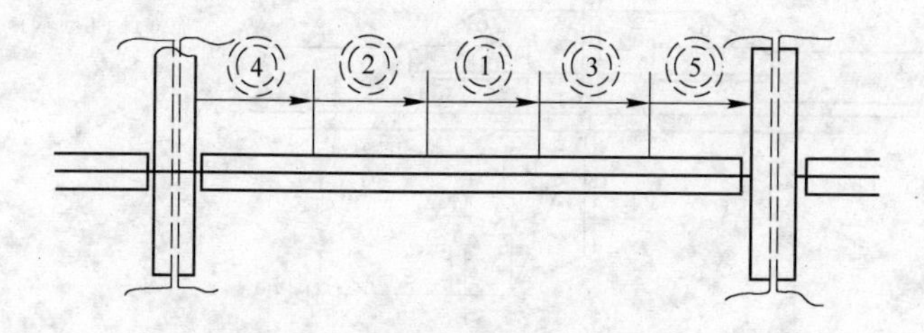

图 10-39 侧板横向外面角焊接

要特别注意在侧板接缝部位不出现焊接缺陷，侧板接缝部位系指图 10-40 的Ⓐ部位。

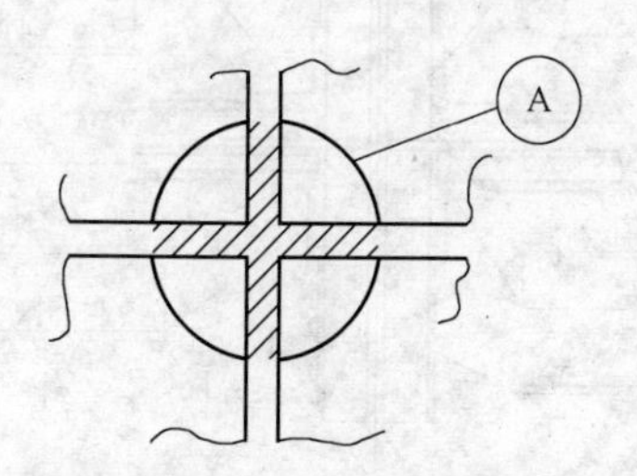

图 10-40 侧板接缝部位

10.5.5.6 侧板与加强环的连接（见图 10-41）

10.5.5.7 侧板和立柱的连接

内侧立向焊接见图 10-42，外侧立向焊接见图 10-43。

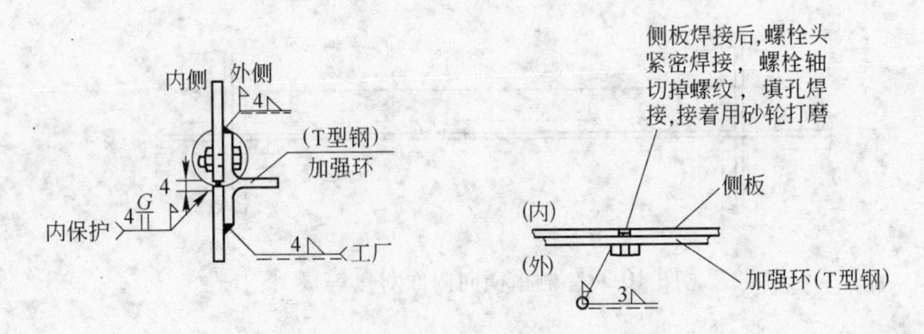

图 10-41　侧板与加强环的连接

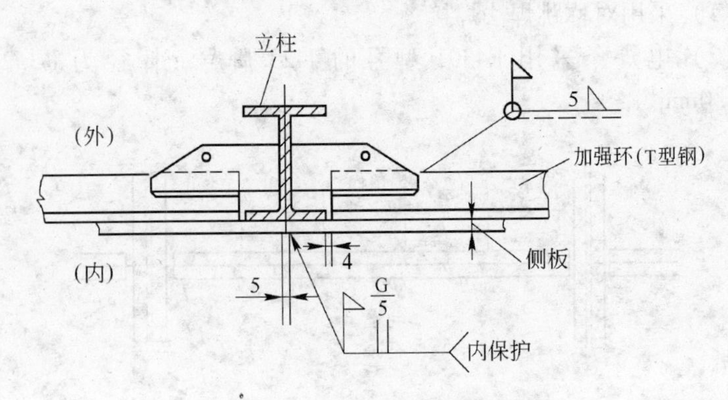

图 10-42　内侧立向焊接

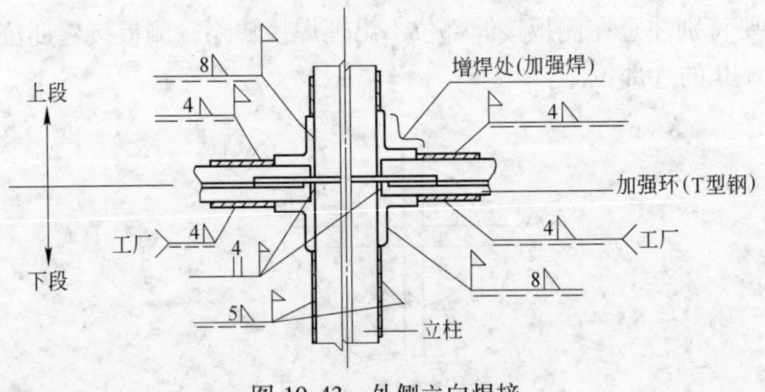

图 10-43　外侧立向焊接

立柱与加强环的连接部分，在侧板的焊接完了后，像图 10-43 那样进行增强焊接和按图 10-42 进行接板的连接焊接。接着进行侧板与立柱及侧板与加强环的连接螺栓的焊接。

10.5.5.8 侧板的焊接条件(见表10-7)

表10-7 侧板的焊接条件

顺序	焊接位置	焊接方式	焊接材料	焊接条件	焊接姿势	焊接次序
①	内面对接焊 (立向)	自保护焊接	NR-211 焊丝(美国),ϕ1.7mm(相当于国产 PK-YZ-J507)	150~190A 17~21V 50~75 cm/min	上进、后退	h 1 2 上进
②	外面角焊 (立向)	手工焊	J506X J426X 电焊条 ϕ4.0mm	140~210A 28~32 cm/min	下进、后退	h 2 1 下进
③	内面对接焊 (横向)	自保护焊接	NR-202 焊丝(美国),ϕ1.7mm(可试用国产 PK-YZ-J502)	130~170A 16~20V 50~100 cm/min	跳焊	④ ② ① ③ ⑤ L
④	外面角焊 (横向)	手工焊	J423 电焊条 ϕ3.2mm、ϕ4.0mm	80~180A 23~25 cm/min	跳焊	④ ② ① ③ ⑤ L′
⑤	内、外面 V 型坡口 (横向)	手工焊	J506 电焊条 ϕ4mm、ϕ5mm	140~210A 28~32 cm/min		

注:1. h 为一段侧板的高度;

2. L、L'分别为内、外侧板横焊缝长度;

3. 自保护焊接采用何种保护方式及何种焊丝,要经过比较后选择;

4. 焊工要经过严格的考评后上岗。

10.5.6 底板的焊接

10.5.6.1 拱形底板的敷设和焊接

拱形底板的敷设和焊接步骤如下：

(1) 定中心和作标记。在基础的中心标记上设置经纬仪，设定底板的配列中心。标记出4个方向。

(2) 关键板和4芯基准板的敷设。如图10-44所示，敷设前关键板上做垂直的两条中心线，在两垂线的交点（煤气柜中心点）上焊接一个中心短轴（销轴）。在4芯基准板上做纵向2分割线的标记。然后，与基础面上做了标记的基准线对合并敷设关键板，顺次一方面注意重叠尺寸一方面敷设4芯基准板。

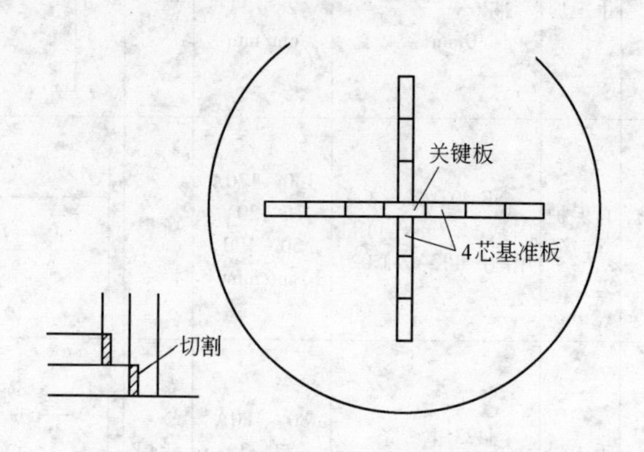

图10-44 关键板和4芯基准板的敷设

(3) 定尺板的敷设。敷设的轴心为纵向，沿着基准板成90°交替，从中心向周边依次敷设。再者，因为纵向交点不出现直角，所以在现场对合时气割。

(4) 环状板的敷设。在关键板的中心短轴上设置基准尺，一方面决定外周环状板的直径，一方面注意相互接缝部分的根部间隙，并进行定位焊接。

在中央部分拱形板的外周上及在环状平面形板上要安装止动块，以防止中央部分拱形板向外滑动。

(5) 底板圆拱部分纵向接缝的定位焊接。先由中心部分的纵向接缝起以约75mm的间距进行定位焊接，连接成长的带状，但是距3块板重叠部分的端部约300mm处不要进行焊接，如图10-45所示。

（6）底板圆拱部分横向接缝的定位焊接。纵向接缝完了后，开始横向接缝的定位焊接。定位焊接，以约75mm的间距从中央部分向周边推进，可是周边的端部要保留700mm左右。再者，在这定位焊接的过程中，三块重叠处的最上层板，如图10-46所示要进行切角。另外，压肩加工后要确认没有裂缝。

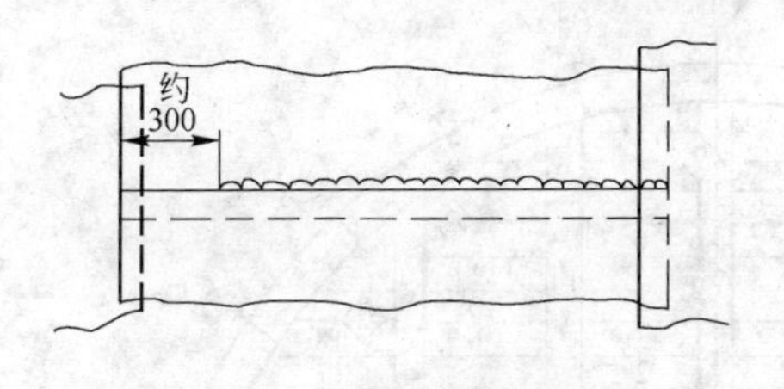

图10-45 底板圆拱部分纵向接缝的定位焊接

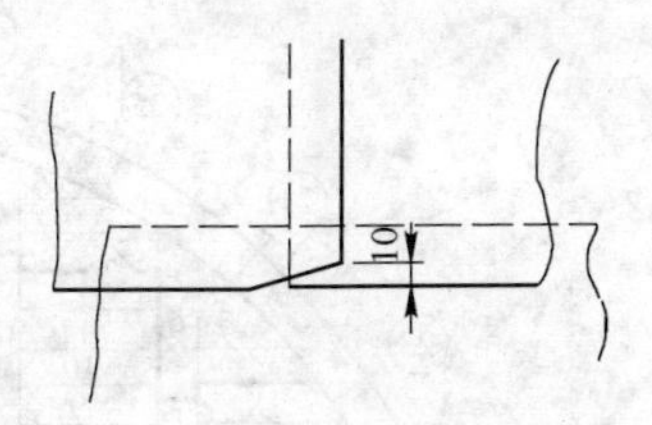

图10-46 底板圆拱部分横向接缝的定位焊接

（7）正式焊接。如图10-47所示，留下各直角扇形区内在直角2等分线附近的折线（粗线）部分，由中心向周边推进。焊接方法采用跳焊法或后退法。焊接时按着需要使用抑制歪斜的夹具防止歪斜。粗线部分要用插销等固定起来。另外，在焊接过程中切掉定位焊接时要立即修补。

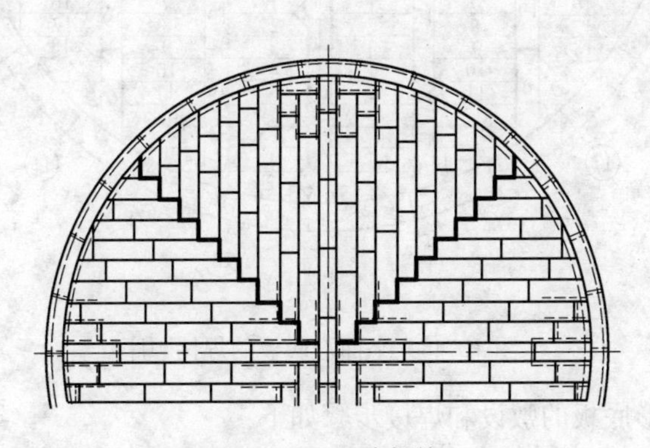

图10-47 正式焊接

在中央部分焊接完了（留下粗线部分）后，进行环状板与中央部分的圆周方向接缝焊接，使焊接工分散在4～6个区段内，在同一方向同时开始正式焊接。然后进行环状板横接缝（长度方向）的焊接，最后进行各直角扇形区内在直角2等分线附近的折线（粗线）部分的焊接。

10.5.6.2　平面形底板的敷设和焊接

平面形底板的焊接顺序可参考图10-48进行。

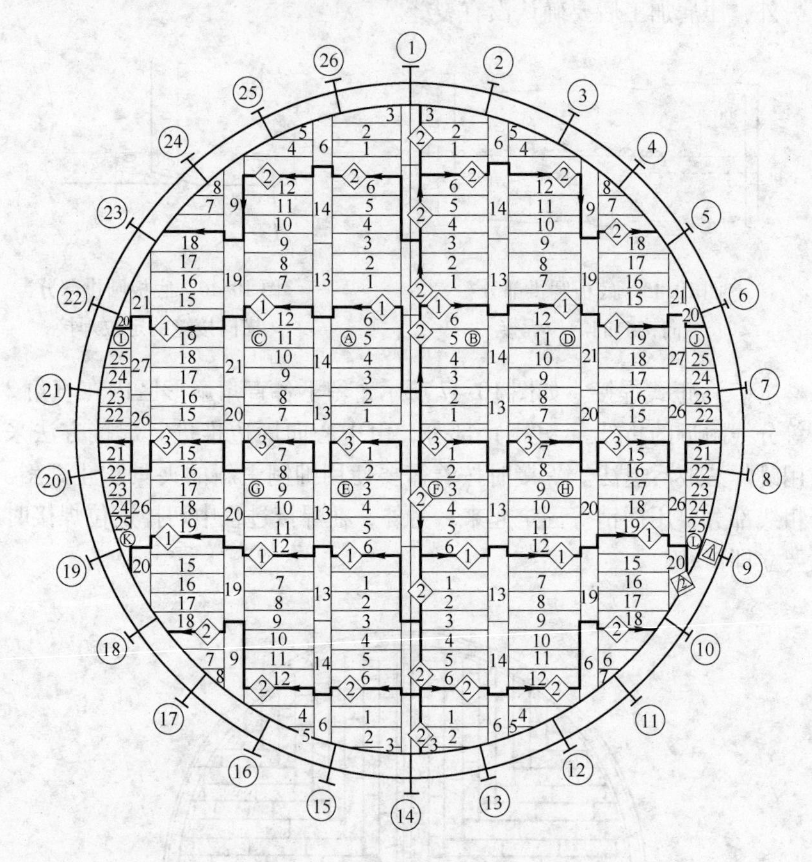

图10-48　平面形底板的焊接顺序

平面形底板的敷设和焊接步骤如下：

(1) 底板的敷设和定位焊接。和底板的敷设并行，全线进行定位焊接，定位间距70~250mm。

（2）焊接分区。焊接分为中央部分Ⓐ~Ⓛ12个区和周边环状板共13个区。

（3）焊接顺序。以从中央部分向周边部分推进为原则，按如下的顺序进行：

1）ⒶⒷⒺⒻ区内依号码1、2、3、…顺次往箭头方向用跳焊法进行。

2）ⒸⒹⒼⒽ与1）项同样进行。

3）ⒾⒿⓀⓁ与1）项同样进行。

4）中央部分各区边界线顺着粗线依◇1、◇2、◇3的顺序从煤气柜中心向周边部分用跳焊法进行。

5）环状底板与中央底板的焊接△2为底板的最后焊接。

（4）焊接提示：

1）焊接法全部为跳焊法。

2）4.5mm厚的钢板焊接时用重块等压住焊接部位的附近，另外在环状板焊接部位使用垫板。

3）4.5mm板的周边部分用气割产生的变形，用锤子等校平，并继续上面的工程。

4）交叉部分先行的焊接线端部留出约150mm，在后行的焊接完了后，再焊接先行焊接线留出的150mm。

10.5.7 焊接施工一般规定

焊接施工一般规定如下：

（1）手工焊接机在煤气柜内使用时，为了防止触电，应安装电击防止器。

（2）进行组装和坡口对合等的场合，要使用夹具进行。焊接坡口处的定位焊接要尽可能避免，定位焊接作为正式焊接的一部分确认没有有害的缺陷后才进行。

（3）在焊接之前，先确认坡口的形状。另外，为了除去对焊接有不良影响的锈、涂料、灰尘等，要仔细地进行坡口面的清理。

（4）为了减少焊接变形，考虑实行对称法、跳焊法、后退法等的焊接顺序。

(5) 定位焊接成为正式焊接的一部分时，在确认不产生有害的缺陷之后才开始正式焊接。

(6) 在要求气密处所的情况下，特别在角焊和对接焊一层结束的地方，角焊焊接和焊条的接缝要不出现偏肉来运棒，并注意焊接电流。

(7) 角焊焊接的端部，实行一次焊接。

(8) 在自或内保护焊接也容易受到突风影响的作业环境的情况下要特别注意防风。

(9) 对应于钢种、板厚和焊接作业姿势，使用适当的焊丝（自或内保护焊接用），选定焊接电流、电弧电压、焊接速度等恰当的条件，进行无缺陷的焊接。

(10) 焊道始端部的焊口处理要确实执行。

(11) 焊接部分用钢丝刷把焊渣和飞溅物等完全去掉。焊接部分增强焊缝不够和不齐整时，用增强焊和砂轮加工的办法来整形。

(12) 侧板、立柱和环梁等的对接焊接处所的坡口尺寸，维持规定的尺寸，要注意最小不能为负。

(13) 煤气柜要求气密的地方（活塞板、侧板、底板），施工时要注意尽可能减少焊接产生的变形。

10.5.8 焊接线的检查（见表10-8）

表10-8 焊接线的检查

焊接地点	检查方式
气柜侧板内面 底板上面 活塞环梁侧面、下面	逐条焊缝用真空试验器进行试验 （空气压力0.4～0.5MPa）
活塞屋顶板上面 侧板外面	涂肥皂水检查
屋顶上面	目视检查
其　他	目视检查或着色检查

注：1. 对煤气柜侧板内面、底板上面、活塞屋顶板上面、活塞环梁侧面和下面检查之前应具有图纸，有专责记录员在图纸上标注检查结果，并保证不漏项地实施检查。

2. 侧板外面的焊接线涂肥皂水检查应在浮升过程中及涂漆之前进行。

3. 因为浮升过程中柜内气体压力低，故活塞屋顶板的焊接线检查应在煤气柜泄漏检查之前且已达设计压力的情况下进行，检查合格后方能进行涂漆作业。

11 新型煤气柜试运转要领

11.1 一般事项

试运转开始的条件为：

（1）煤气柜本体的安装和跑合运转完成。

（2）外部电梯的安装和电气工程完成。

（3）内部电梯的安装和电气工程完成。

（4）油泵站的安装和电气工程完成，配管的连接完全完成。

（5）本试运转需要的其他机器的安装全部完成。

试运转时活塞升降用气体：试运转和负荷试运转全部用空气进行运转来试验活塞。

11.2 试运转流程（见图 11-1）

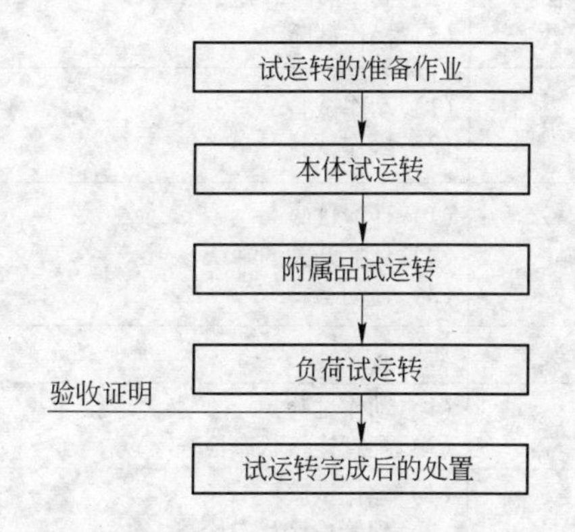

图 11-1 试运转流程

11.3 试运转的准备

试运转的准备包括：

（1）试运转时的人员配置；

（2）安全对策；

（3）必要器材和工器具的配置；

（4）使用机器的通电确认；

（5）记录用纸的准备；

（6）试运转时机器的再调整。

11.4 单体试运转要领

11.4.1 机械设备

机械设备试运转项目见表11-1。

表11-1 机械设备试运转项目的试验与检查

序 号	附属机器装置名称	试运转项目	备 注
1	外部电梯	（1）性能试验、乘箱停靠试验 （2）安全装置等动作试验 （3）操作试验	按制造厂家的要求试验
2	内部电梯	（1）性能试验 （2）安全装置等动作试验 （3）操作试验	按制造厂家的要求试验
3	内容量指示器	（1）动作试验 （2）操作试验	
4	油泵站	（1）性能试验 （2）切换开关的确认 （3）连动运转	
5	救助提升装置	动作试验	
6	蒸汽配管	（1）动作试验 （2）配管连接状态检查	
7	氮气配管	（1）动作试验 （2）配管连接状态检查	
8	煤气柜本体	（1）密封机构和活塞屋顶板泄漏检查 （2）活塞升降时压力变动幅度检查 （3）活塞升降时倾斜检查 （4）综合泄漏试验 （5）煤气超行程事故紧急放散检查	

11.4.2 电气计装设备

电气计装设备试运转项目见表11-2。

表11-2 电气计装设备试运转项目的试验与检查

序号	设备名称	试运转项目	备注
	电气设备		
1	控制盘	(1) 电磁控制盘 (2) 泵站控制盘 (3) 泵站切换盘 (4) 外部电梯控制盘 (5) 内部电梯控制盘	
2	电动机	(1) 泵站电动机 (2) 外部电梯电动机 (3) 内部电梯电动机	
3	操作盘	外部电梯用操作盘	
4	浮子开关	泵站浮子开关	
5	电动阀	煤气出入口电动阀	
6	其他		
	计装设备		
1	活塞高度计	(1) 机械式高度计运行与连锁检查 (2) 超声波式高度计运行与连锁检查 (3) 机械式高度计与超声波式高度计切换检查	
2	CO微含量测定计	1档报警浓度检查 2档报警浓度检查	
3	活塞速度计	指示校正检查	
4	煤气柜压力计	零点校正、与标准表校正	
5	密封油流量计	指示流量校正检查	有的无此项设置
6	油泵启动计数计	运转次数累计检查	

11.5　油泵站的试运转

11.5.1　性能试验准备

在性能试验之前应确认以下各项：

（1）事先进行密封油的预运转，在配管上应没有异常。

（2）泵室内的各阀门处于通常运转的状态，如图 11-2 所示。

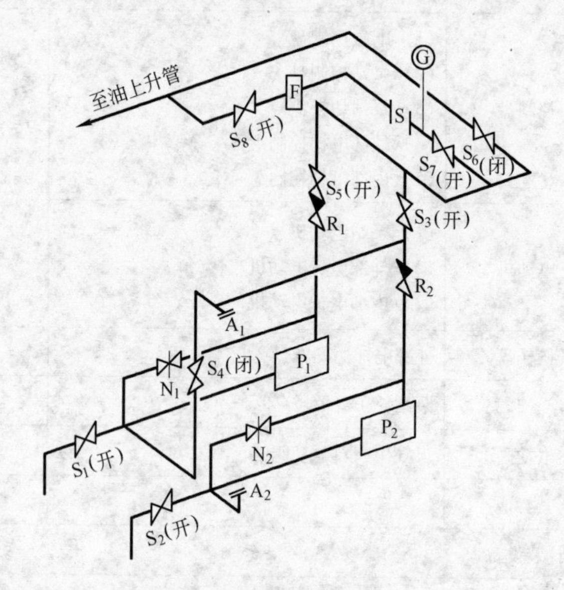

图 11-2　通常运转状态配管系统图

$S_1 \sim S_8$—闸阀；R_1，R_2—逆止阀；P_1，P_2—泵；N_1，N_2—针形阀；

A_1，A_2—盲板；F—流量计；G—压力计；S—过滤器

注：有的系统不设流量计也是可以的。

泵出口侧安装的流量计和压力计应经过校核。

调节针形阀 N_1、N_2 和泵吸入侧闸阀 S_1、S_2 的开度，以在侧板上部供给侧不往活塞上飞溅的程度来调节输往上升管的供油量。

11.5.2　性能试验

闭合电磁开关通了电源之后，按照使用油位调节装置上下而使浮

子室油位变化，按照下列次序进行各项计测和确认（各项代号见图11-3）:

(1) 将 COS 调整到 LS-1 接 P-1 的线路。

(2) 预先使连接该泵的针形阀处于半开的状态，降低油位调节装置的心轴，使底部油沟的油流入泵站，使浮子室内的油位慢慢上升（试验中的浮子室油位上升要领以下相同)，使 FL 上升，使 LS-1 在 "ON" 处动作。

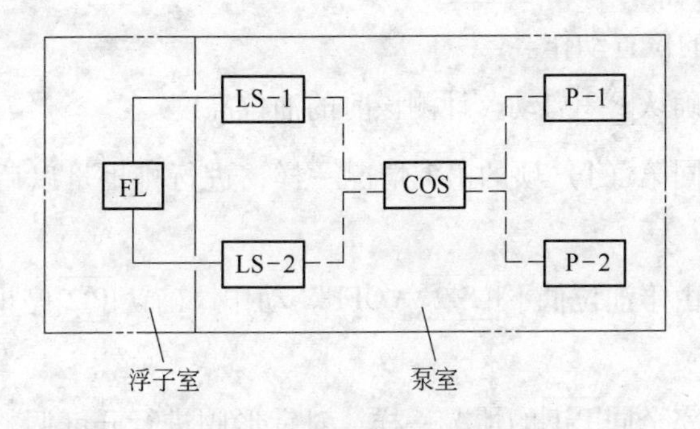

图 11-3 泵站性能试验代号

FL—LS-1 和 LS-2 用浮子；LS-1—常用泵驱动极限开关；LS-2—备用泵驱动极限开关；COS—切换开关；P-1—1 号泵；P-2—2 号泵

(3) 确认 P-1 启动，一面测定此时的油位高度（油位至底板的高度)，一面计测 P-1 的 ON ~ OFF 间的时间。

(4) 另外，计测此时的实际排出量、配管上的油压和油温、回路的电流和电压。在排出量的计测中，需设法切断由油室到浮子室的油、水的流入（关闭进入油流入室的油、水阀门)。

(5) 由于 P-1 的运转而使浮子室的油位下降，由于 FL 的作用而使 LS-1 在 "OFF" 的位置动作。

(6) 确认 P-1 自动停止，测定该时的油位高度。

(7) 接着，使针形阀处于全开状态，进行上述的第(2) ~ (6)项。

(8) 逐渐地关小针形阀的开度，从煤气柜上部预备油箱流下的密封油显著地往活塞上飞溅时，立即中止试验。以密封油不飞溅为准调整针形阀使排出量约为26L/min时，再一次进行第(2)~(6)项的试验。

(9) 接着，把常用泵[P-1]的电源开关OFF，使常用泵处于停用状态。

(10) 将[COS]调整到[LS-2]接[P-2]的线路。

(11) 预先使连接该泵的针形阀处于半开的状态，使浮子室的油位慢慢上升，油位通过[LS-1]"ON"的位置后，[FL]再上升使[LS-2]在"ON"的位置动作。

(12) 确认[P-2]启动，计测该时的油位高度。

(13) 同第(4)项的[P-1]情况一样，进行排出量以后的各项目计测。

(14) 由于油位低下[LS-2]"OFF"动作，确认[P-2]停止，计测该时的油位。

(15) 完全同[P-1]的情况一样，对针形阀进行开度调整使排出量约为26L/min时，再一次进行第(2)~(6)项的试验。

(16) 将[COS]调整到[LS-1]接[P-2]的线路。

(17) 使油位上升，由于[LS-1]动作[P-2]启动，然后确认停止，此时不需要各种计测。

(18) 把[P-2]的电源开关定在"OFF"。

(19) 与第(10)~(15)项一样，确认[P-1]根据[LS-2]的启动和停止，此时也不需要一切的计测。

以上是一个泵站的性能试验要领，对全部泵站实行该要领。

注：油泵站的结构示意图见图5-3。

11.6 计测用表

油泵站浮子开关性能试验表见表11-3，油泵站密封油供油调整试验表见表11-4，煤气柜严密性试验测定表见表11-5。

表 11-3 油泵站浮子开关性能试验表

泵站号	浮子开关 \ 试验项目	判断基准① ON	判断基准① OFF	油位 ON	油位 OFF	动作确认 LS-1 的场合 No. 1 泵 ON	OFF	LS-1 的场合 No. 2 泵 ON	OFF	LS-2 的场合 No. 1 泵 ON	OFF	LS-2 的场合 No. 2 泵 ON	OFF
		mm		mm									
No. 1	LS-1 常用泵用	875	675			良否	良否					良否	良否
	LS-2 备用泵用	950	750					良否	良否	良否	良否		
No. 2	LS-1 常用泵用	875	675			良否	良否					良否	良否
	LS-2 备用泵用	950	750					良否	良否	良否	良否		
No. 3	LS-1 常用泵用	875	675			良否	良否					良否	良否
	LS-2 备用泵用	950	750					良否	良否	良否	良否		
No. 4	LS-1 常用泵用	875	675			良否	良否					良否	良否
	LS-2 备用泵用	950	750					良否	良否	良否	良否		

执行人： 年 月 日

①各浮子开关的 ON 和 OFF 的误差判断基准为 200 ± 15mm。

表 11-4 油泵站密封油供油调整试验表

泵站号	泵号	试验项目 / 判断基准 / 针形阀开度	油位变动量	排出量	管内压力	电流	电压	油温	其他特记事项	性能确认
			mm/min	L/min	MPa	A	V	℃		
			40 ±6	26 ±4	1.0 以下					
No. 1	No. 1	约 26L/min								良、否
		半　开								—
		全　开								—
	No. 2	约 26L/min								良、否
		半　开								—
		全　开								—
No. 2	No. 1	约 26L/min								良、否
		半　开								—
		全　开								—
	No. 2	约 26L/min								良、否
		半　开								—
		全　开								—
No. 3	No. 1	约 26L/min								良、否
		半　开								—
		全　开								—
	No. 2	约 26L/min								良、否
		半　开								—
		全　开								—
No. 4	No. 1	约 26L/min								良、否
		半　开								—
		全　开								—
	No. 2	约 26L/min								良、否
		半　开								—
		全　开								—

执行人：　　　　　　　　　　　　　　　　　　　　年　　月　　日

表 11-5 煤气柜严密性试验测定表

测定日		测定时间		活塞行程(S)/m	煤气柜内截面积(F)/m^2	煤气柜工作容积 $F.S$ /m^3	煤气柜的死容积(V_D)/m^3	煤气柜的实际容积($V_t = F.S + V_D$)/m^3	大气压力(B)/MPa	温度(t)/℃					饱和水蒸气压力(W)/MPa					煤气压力(p)/MPa			煤气柜的标准体积/m^3	对于测定开始时的比例(ϕ)/%
										侧壁		活塞		平均	侧壁		活塞		平均	侧壁	活塞	平均	$V_n = V_t \times \frac{273.1\ (B+p-W)}{(273.1+t)\ \times 0.1}$	
月	日	时	分							阳面	阴面	阳侧	阴侧		阳面	阴面	阳侧	阴侧						

执行人: 年 月 日

判定标准：静置 7 昼夜后的 ϕ 值应不低于98%。

12 新型煤气柜的自动控制和综合利用

12.1 打造全自动型的新型煤气柜

对于新型煤气柜，目前已实现的自动型操作可以概括如下：

（1）活塞下极限控制；

（2）活塞上极限控制；

（3）活塞超行程控制；

（4）活塞着陆后活塞板防瘪塌控制；

（5）油泵站浮子室正常油位控制；

（6）油泵站浮子室异常油位控制。

尚未实现的自动型操作，以个人愚见可归纳如下：

（1）煤气柜投运前或停运后的柜内死空间的气体置换吹扫；

（2）停电时预备油箱的放油操作；

（3）油泵站执行不同功能的转换操作。

12.1.1 关于气体置换吹扫

气体置换吹扫的方式与活塞着陆后形成的死空间腔体的形态有关，现将两种不同类型的煤气柜进行如下的比较，参见表12-1。

从表12-1可见，KMW型（即高拱形中央底板的新型煤气柜）由于煤气的腔体死空间为“蝶形”，中心区气层薄，其吹扫方式可采纳类似于煤气管道的吹扫，从煤气入口管道经柜体周边的各放散点，变换方式即可吹扫干净，故可实行自动操作。而COS型（或其类同者），由于煤气的腔体死空间类似“蒙古包形”，中心区气层厚，无法吹透，故需在活塞顶部中央设放气管，放气管后再接临时胶管，然后通过侧板人孔放出。吹扫完毕后必须关放气管，撤出临时胶管，封闭侧板人孔，经由内部电梯撤出人员，操作之繁琐可以想像。因此，COS型（平底板型）的置换吹扫是费时、费力、高污染、高成本的一项操作。由此看来，要实现自动置换吹扫，活塞板下的死煤气空间必须符合 KMW 型的要求，即采用高拱形的中央底板。

表 12-1　两种类型的新型煤气柜对吹扫置换的影响

项目名称	中国 KMW 型（20 万 m^3）	日本 COS 型（20 万 m^3）
	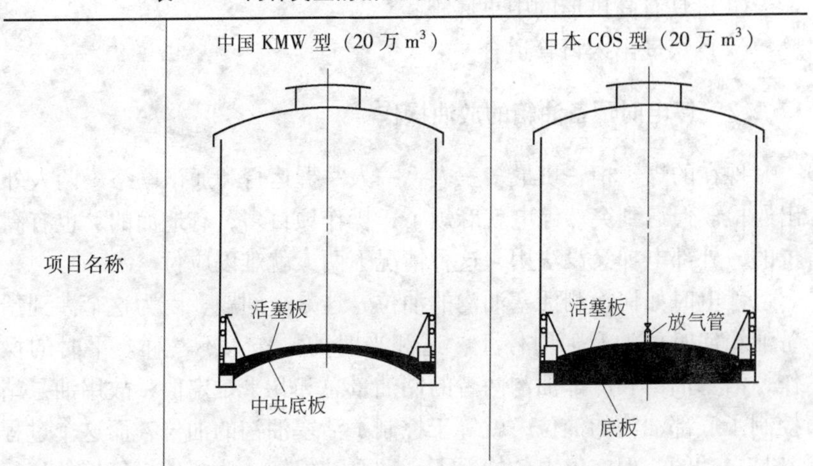	
	注：涂黑色部分为死煤气腔体	
1. 腔体形状	蝶　形	蒙古包形
2. 腔体内容积	1867m^3	11523m^3
3. 吹扫用氮气	约 4000m^3	约 30000m^3
4. 吹扫用煤气	约 6000m^3	约 45000m^3
5. 吹扫用时间	约 0.5h	约 3h
6. 吹扫用人力	无人	>5 人
7. 对环境污染	小	大
8. 吹扫措施	类似管道吹扫	中央死气区需另接软管引出排放
9. 吹扫方式	自动操作	手工操作

另一个问题牵涉到煤气出入口管道的布局。如果出入口管道合而为一，就容易实行自动吹扫；如果出入口管道分开设置，那么作为出口管道，对整个吹扫体系来说，就相当于多出了一个“盲肠”，这就增加了置换吹扫的复杂性，就难以实行自动吹扫。而且多一套管道及阀门在经济上并不合算。煤气柜对管道的作用，类似水库对河流的作用，河流涨水时升闸蓄水，河流枯水时降闸放水，出入煤气柜的管道

完全可以做到合一。若分开设置两套，不仅增加投资，加大维护工作量，而且操作繁杂。

看来要实现气体置换的自动操作需要满足两个前提，即：

（1）具有高拱形的中央底板；

（2）煤气出入口管道合一。

12.1.2 停电时预备油箱的放油操作

现在的煤气柜一班最多三人，一人掌握运行和通讯联络，两人外出巡检。但遇到突然停电就麻烦了，操作项目多，有地面的，也有高位的，外部电梯又没法用，这种情况下两人就难以应付。

停电时如何检测活塞油沟的油位，这是个问题。因为这牵涉到预备油箱何时放油及何时停止？这和平时的操作大不一样。平时的操作，活塞油沟和底部油沟两者的储油量总和几乎是定值，故用油泵站控制了底部油沟的油位，就等于控制了活塞油沟的油位，而这个过程又是自动的。但在停电的情况下，油泵站停转，为了使煤气柜的运行达到安全状态，就必须使活塞油沟的油位处于安全的工况，即活塞油沟的油位高度必须达到设计值，这就得启动预备油箱放油，于是活塞油沟和底部油沟两者的储油量总和就是个变数（不断的增长数）。在停电的情况下，要想维持活塞油沟内的油位高度时时都处在设计值（这样才能保证煤气柜安全运转），预备油箱的放油就须自动操作。要做到这一点，首先需将预备油箱的放油管路按图12-1进行改造，然后还应满足以下条件：

（1）活塞油沟的油位在停电时仍能检测，并发出执行及停止对应的预备油箱的放油讯号，从而使该预备油箱的放油操作达到自动启、停。

（2）对预备油箱的两个储油室（参见图5-15）分别进行油位检测，先放储油室1中的油，后放储油室2中的油，这个过渡要自动转换。

（3）当储油室2中的油位达到下限时应：

1）自动切断煤气柜的煤气出、入口阀门。

2）启动停煤气的程序。

需要说明的是，这里指出的储油室2中的油位下限并不是零位，

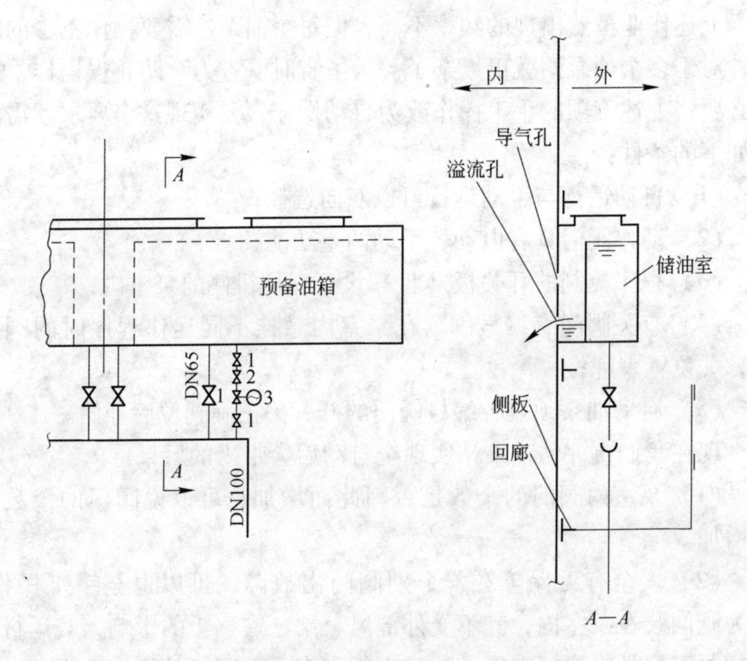

图 12-1 预备油箱放油管路的改造

阀门代号：1—截止阀；2—节流阀；3—电动阀

注：节流阀的开度须根据能满足的停电时间预先调整（在开工前应做试验），调整好了就固定下来。

要为直到煤气柜停煤气的程序执行终了留出一定时间内的活塞油沟的泄油量。

12.1.3 油泵站执行不同功能的转换操作

油泵站在正常工况下对于控制油泵站内浮子室油位的操作是自动的。但在如下工况却是在执行人工操作：

（1）从外部油槽车往油泵站充填密封油；

（2）从油上升管或预备油箱经油泵站往底部油沟转送密封油；

（3）从外部油槽车往预备油箱充填密封油；

（4）从油上升管或预备油箱往油槽车转送密封油；

（5）从油泵站往油槽车转送密封油。

上述作业虽然出现的频率不高，但每个油泵站需要操作不少的阀门，对于多个油泵站就更繁杂了。为了省时、省力、防止误操作，就有必要将上述五项的手工操作改为自动操作，要实现这个要求就需满足如下的条件：

（1）自动运行与手动运行可以双向选择；

（2）动作阀门具有电动、手动两重功能；

（3）程序控制的开关板（盘）设于现场机侧的泵室内；

（4）有关阀门有编号牌。在泵室内悬挂不同运作程序时的阀门开、关位置表牌；

（5）启动油泵须在各编号阀门的开、关正确到位后开始。

现在我们再评估油泵站实现全自动后会带来的后果：

（1）泵室内阀门的个数是否因此而增加？可以说阀门的个数并不增加。

（2）安全有无保障？若个别阀门出故障，可以退至手工操作。因为阀门装在泵室内，其不受外部风、雨、雪、尘的影响，其运行条件相对于户外来说好多了，故障也就少多了，阀门的维护工作不会增加多少负担。执行该项改进后，不会发生误操作的可能，应该说安全度提高了。由于执行是在机侧，即便出现什么问题，调整补救都方便及时。

（3）费效比如何？阀门都是小阀门，油泵站费用会增加一些，对整个煤气柜来说微不足道。但却换来了省力、安全。

前面分析了那么多，归结到着力点还需设计先行。泵室的重新设计及油泵站箱体的改动，须设计部门予以精心考虑，要注意留出合适的操作和维修空间，要做到当自动操作故障时，手动操作也享有合适的空间。

当上述各项都做到时，全自动型的新型煤气柜就打造成功了。

12.2 新型煤气柜太阳能发电的利用

煤气柜是一个高大型无遮挡的钢构体，对太阳能的利用有着得天独厚的优势。现以 10 万 m^3 的新型煤气柜为例来进行探讨。

12.2.1 可利用光能的表面积

屋顶部分受光面积 A_R 为

$$A_R = \frac{\pi}{4} \times 46.9^2 \times 1.04 \times 0.6 = 1078\text{m}^2$$

式中 46.9——侧板内径，m；

1.04——拱形面积与其投影面积的概略比值；

0.6——估计的光照率。整个屋顶的光照面积包括了换气楼的屋顶部分，其中可利用的光照面积暂按 0.6 选取。

侧板部分受光面积 A_P 为：

$$A_P = \left(\pi \times 46.9 \times 1.6 \times 3 - \frac{\pi \times 46.9}{22} \times 1.6 \times 2 \times 4\right) \times 0.6$$

$$= 373\text{m}^2$$

式中 1.6——预备油箱回廊以上一段侧板的高度，m；

3——从预备油箱回廊往上数 3 段侧板作为受光面积；

22——10 万 m^3 煤气柜的立柱数；

2——预备油箱及其平台所占用的 2 段侧板不安设光能接受板；

4——预备油箱个数。

12.2.2 可利用的光能发电能力

屋顶部分光能发电能力 P_R 为：

$$P_R = (20 \sim 75) \times 10^{-3} \times 1078 = 22 \sim 81\text{kW}$$

式中 20——光能获取的下限取值，W/m^2；

75——光能获取的上限取值，W/m^2。

侧板部分光能发电能力 P_P 为：

$$P_P = (5 \sim 40) \times 10^{-3} \times 373 = 2 \sim 15\text{kW}$$

式中 5——光能获取的下限取值，W/m^2；

40——光能获取的上限取值，W/m^2。

上述光能获取值来源于《太阳能发电原理与应用》（人民邮电出版社）中刊载的香港理工大学邵逸夫楼的光伏建筑实验工程数据。

12.2.3 利用光能的年发电量

屋顶部分利用光能的年发电量 I_R 为：

$$I_R = \frac{22 + 81}{2} \times 11 \times 365 \times 0.7 = 144741\text{kW} \cdot \text{h}$$

式中 11——选取的每日平均日照小时数；

365——年日历数；

0.7——假定的年日照率。

侧板部分利用光能的年发电量 I_P 为：

$$I_P = \frac{2 + 15}{2} \times 11 \times 365 \times 0.7 = 23889\text{kW} \cdot \text{h}$$

12.2.4 利用光能发电的年收益

屋顶部分利用光能发电的年收益为：

$$144741 \times 0.57 \times 10^{-4} = 8.3 \text{ 万元}$$

侧板部分利用光能发电的年收益为：

$$23889 \times 0.57 \times 10^{-4} = 1.4 \text{ 万元}$$

式中 0.57——2009 年重庆市的工业电价，元/(kW·h)。

12.2.5 10 万 m^3 新型煤气柜的年耗电量

10 万 m^3 新型煤气柜的耗电功率为：

外部电梯	3.7kW
内部电梯	5.5kW
油泵站	2.2×4 = 8.8kW
夜间照明	

回廊及楼梯间　　0.1×30=3.0kW

内容量指示器　　0.36kW

最大耗电功率　　取18kW

外部电梯年耗电量为：

$$\frac{69.6}{30} \times \frac{365 \times 4}{60} \times 3.7 = 209\text{kW} \cdot \text{h}$$

式中 69.6——侧板高度，m；

30——外部电梯升速，m/min；

365——年日历数；

4——假定年均日升降4次（两个来回）。

内部电梯年耗电量为：

$$\frac{57.9}{18} \times \frac{365 \times 2}{60} \times 5.5 = 215\text{kW} \cdot \text{h}$$

式中 57.9——活塞行程（100%），m；

18——内部电梯升速，m/min；

2——假定年均日升降2次（一个来回）。

油泵站年耗电量为：

$$5 \times 10 \times \frac{365}{60} \times 2.2 \times 4 = 2677\text{kW} \cdot \text{h}$$

式中 5——油泵每次运行时间，min；

10——油泵每日运行次数（假定值）；

4——油泵站个数。

夜间照明年耗电量为：

$$12 \times 365 \times (3 + 0.36) = 14717\text{kW} \cdot \text{h}$$

式中 12——每日照明时间，h。

年总耗电量为：

$$209 + 215 + 2677 + 14717 = 17818\text{kW} \cdot \text{h}$$

年耗电费为：

$$17818 \times 0.57 \times 10^{-4} = 1.0 \text{万元}$$

12.2.6　经济效益与社会效益评价

新型煤气柜利用光能发电的经济效益与社会效益如下：

(1) 从分析数据来看，回收光能仅利用屋顶部分就可以了。一者费效比要高一些，二者设计改动也相对小一些。

(2) 实行光能利用后，煤气柜的最大耗电功率及年耗电量均为负值，即煤气柜由从前的耗电装置“变脸”为发电装置。

(3) 当仅利用煤气柜的屋顶进行光能发电时，对于 10 万 m^3 新型煤气柜来说，其年净收益为 7.3 万元，收入虽不是太高，但对于 20 万 m^3 煤气柜或 30 万 m^3 煤气柜来说，却是不容小视的财富。

(4) 当仅利用煤气柜的屋顶进行光能发电时，对于 10 万 m^3 新型煤气柜来说，光电收入会使其运行成本降低约 7%，对于 20 万 m^3 以上的煤气柜来说，将会达到降低 14% 以上。

(5) 煤气柜的屋顶实行光能利用，当以光伏板来代替钢制屋面板时，需多花费多少钱，有待今后进一步落实，这涉及投资回收年限问题。即使投资回收年限达到 10 年，也应予以实施，因为煤气柜的寿命远超过 50 年。

(6) 回收电能，减少碳排放，符合当前的发展趋向。

后续实施关注内容有：

(1) 利用煤气柜屋顶进行光能发电时，应取消此前设置的屋顶照明天窗，改为在换气楼内用内部照明解决，采用声响式自接通方式。这一改变不必过虑，因为威金斯型煤气柜就是这么解决的。取消屋顶照明天窗可进一步扩大光能的回收。

(2) 发电→蓄电→多余外送与自外部电网受电的线路要能自动切换。这是因为当出现连续阴雨天时，光能利用设施无法发挥其效果。

(3) 外供电量及从外部受电量要分别计量，以方便评价光能回收的经济效益及对内、对外结算。

12.3 仓储式新型煤气柜经济效益的评估

12.3.1 建仓储式煤气柜的可行性

建仓储式煤气柜的可行性评估如下：

(1) 煤气柜占地面积大，中央底板改成高拱形后，成拱部分的下部平面面积对于10万m^3的新型煤气柜来说形成的可开发的利用面积为1432m^2。

(2) 开发煤气柜的可利用面积，过去的湿式煤气柜都有曾尝试过，这在上海都曾有过，无论是新中国成立前英国建造的还是新中国成立后我国建造的。

(3) 开建仓储设施新增费用的分析：

1) 顶部结构。顶板已经有了，它就是煤气柜中央拱形底板。只需增设屋顶梁（底板梁）及中央台架。这个屋顶梁使用轻型结构即可，因为它的荷载与活塞梁相比要小得多，就是与煤气柜的屋顶梁相比也要小一些。另外，中央台架也很轻，也花费不了多少钢材。

2) 侧壁结构。侧壁已经有了，它就是底部油沟的内侧壁，只需增设周边支柱即可。因为底部油沟的内侧壁仅1m多高，故周边支柱也是矮支柱，而且是轻负荷，故这部分增加的费用也有限。

3) 基础。比KMW型要省，因为比KMW型要少4870m^3回填土及夯实的费用。与COS型差不多，这部分不增加钱。

4) 下穿车道。这是要增加的工程。

综上看出，开建仓储设施在原煤气柜的基础上（KMW型）仅增加屋顶梁、中央支柱、周边支柱、下穿车道即可。新增投资不多，却能收到一柜两用的效果。

(4) 随着工业化的推进，我国的地价也在不断上涨，而且还涨势很猛。如重庆市杨家坪地区（商业核心区周边）的原建设机床厂出让土地2004年的单价为2250元/m^2，2009年相邻地区的原后勤工程学院出让土地的单价却飙升至11900元/m^2。利用好土地效能已是现阶段工程建设的新趋势。

12.3.2　仓储设施收益评估

以 10 万 m^3 煤气柜为例，其仓储面积为 $1432m^2$。

（1）用做停车场时可停放 71 辆轿车，当利用率仅为 50% 时，其月收益为 10650 元，年收益为 12.8 万元。

（2）用做仓储时，以 10 元/m^2 的月租费计算，当利用率为 70% 时，其月收益为 9800 元，年收益为 11.8 万元。

以年收益 11.8 万元考虑，可使该型煤气柜的运行成本降低 11% 左右。对于 20 万 m^3 以上的煤气柜来说，其年收益将更为可观，可使该型煤气柜的运行成本降低 22% 以上。

12.3.3　对仓储设施建造的要求

仓储设施示意图见图 12-2。

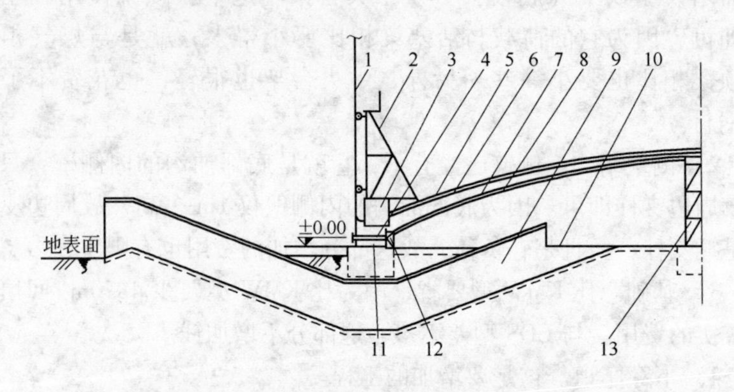

图 12-2　活塞着陆时柜本体下部剖面

1—侧板；2—活塞导架；3—活塞环梁；4—排风管；5—活塞板；6—活塞梁；7—底板；8—底板梁；9—地下车道；10—仓储地坪；11—底部油沟；12—周边支柱；13—中央支柱

注：排风管 4 穿过底部油沟 11，并穿过侧板 1；在出口端设置排风机。

能打造成仓储式新型煤气柜的前提是煤气柜要选用 KMW 型（即高拱形中央底板的煤气柜），在此基础上对仓储设施的建造提出如下要求：

（1）地下通道入口处设门，刷卡（带自动记录，带历时记录）开启。入口的一段上行坡道便于防止外部地表水流入。

（2）排风管直径不宜大于0.4m，个数在具体工程中可进一步考虑，侵占了储油容积时应对储油容积补偿。

（3）人进入哪个分区（由柜中心至两相邻立柱间的扇形区为一个分区），该分区的排风机自动开启，人离开后排风机自动关机。

（4）照明采用分区自动开闭方式，分区内有人开启，无人关闭。

（5）有摄像监视设施。

（6）有火险报警设施和自动灭火设施。

从上述要求来看，该仓储设施为无人管理，但却有安保、防火、查询、节能的职能。